JN140829

その進化と多様性

Papilionidae Evolution and Diversity
Hiroshi YOSHIKAWA, Kazuo UNNO

アゲハチョウの世界

吉川 寛・海野和男

平凡社
HEIBONSHA

アゲハチョウの世界　その進化と多様性

Papilionidae *Evolution and Diversity*

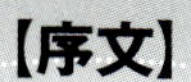

【序文】

アゲハチョウが語る生物進化と多様性

これはアゲハチョウの物語です。地球という惑星には数百万種ともいわれる昆虫が生息しています。チョウはそのごく一部に過ぎないのですが、そのまた一部にアゲハチョウの仲間がいます。そのアゲハチョウを本書の物語の主人公として選ぶのにはいくつかの理由があります。まず、何といっても大型で美しく、よく目立つ昆虫です。だから、多くの人に愛され、世界中でアゲハチョウが収集され、撮影され、飼育され、生態が調べられています。多くの学者も興味を持ち、電子顕微鏡まで使って体の隅々まで微細な構造を明らかにし、化学の力で翅(はね)を彩る色素を分析し、生化学や生理学の方法を駆使して卵から蛹(さなぎ)を経て成虫になるまでの一生に起こる変化とさまざまな行動を解き明かしてきました。さらに、21世紀になって生き物の遺伝情報を担っているゲノムDNAの研究が進むと、何種類かのアゲハチョウのゲノムを解読することに成功し、これまで得られたさまざまな知識を遺伝子の働きによって裏付け、より深く理解することができるようになりました。アゲハチョウの進化と多様性をDNAによって説明することも夢ではなくなったのです。

このように1つの生物集団について網羅的、総合的に科学の枠をこらして物語ることができるのは昆虫の中では、いやすべての生物を見渡しても、アゲハチョウをおいて他に類を見ないでしょう。そのうえ、アマチュアによる博物学的研究から、最先端のDNA研究まで、日本における研究が世界の研究者に称賛されているのです。

私は尾崎克久と2001年からアゲハチョウのDNA研究を開始しました。日本ではどこでも見られる普通種のナミアゲハはミカン科植物を食草としています。なかでもウンシュウミカンが好物なので、庭に植えた大切な1株が青虫に食い尽くされ、うっかりつまんで捨てようとして黄色い角(つの)から出るくさい臭いに閉口した人も少なくないでしょう。ナミアゲハがミカン科のみを好む偏食性は生来備わったもので、昆虫の本能の一種なのです。本能ならばその性質はチョウのゲノムDNAに書き込まれて親から子、子から孫へ連綿と伝わっているに違いないというのが研究を始めた動機だったのです。その挑戦は楽ではなく、10年後、ようやくミカンの葉の成分の1つを認識して、産卵行動を誘発することができる受容体の遺伝子の発見に成功しました。この10年間にDNAを解析する技術は格段に進歩し、ナミアゲハばかりでなく、近縁のアゲハの産卵誘導遺伝子を網羅的に調べ、比較することができるようになりました。このような研究をきっかけとして、アゲハチョウがどのように進化し多様化してきたかをより深く考えるようになりました。

一方、海野和男は昆虫写真家として優れた技術を駆使し、忍耐強く世界のアゲハチョウの撮影に取り組んできました。なかでもアゲハチョウの祖先が生まれ広がっていったと考えられる中国南部から熱帯地方と南シナ海の島々、いわゆる東洋区といわれる地域を踏破し、多種類のアゲハチョウの生態を写しとりました。その過程で、多くのアゲハチョウの間のつながりや関係性と、その変化にかかわるさまざまな環境の影響などに思いを馳せ、アゲハチョウの進化の謎に興味を持つようになりました。

本書は世界の研究者のDNA研究と海野の美しい生態写真が縦糸と横糸になって紡ぎ出す、アゲハチョウが語るさまざまな物語です。物語の中からアゲハチョウの美しさ、生態の面白さ、そして進化と多様性の謎を満喫してください。

吉川 寛

第1章

世界のアゲハチョウと日本のアゲハチョウ

1. ヒトは*Homo sapiens*、ナミアゲハは*Papilio xuthus*

インターネットで検索すると、日本蝶類科学学会理事・白岩康二郎氏の〈ぷてろんワールド〉(プテロンはギリシャ語で翼の意)の"蝶の百科ページ"(Encyclopedia Website of Butterflies)から網羅的な情報を得ることができます。それによると、2017年現在、世界のアゲハチョウ科に属する331種のチョウは3つの亜科、31の属、32の群に分類されています。本書を読み始めたばかりの読者は、科や亜科、属などの難しい言葉の羅列に目を背けたくなるかもしれませんが、生物の進化や多様性を理解するにはどうしても避けて通れないところなので、我慢して読み通してください。

分類は科学の始まり

まず生き物の分類についてお話ししましょう。18世紀の初め、ヨーロッパでは動植物に対する興味が広がっており、世界中の植民地からもたらされる珍奇な生き物は貴族や知識階級に博物研究のブームをもたらしていました。膨大な種類の生き物や標本を手にした学者はその多様な姿に驚くとともに、それらを比較して類似点と相違点を調査し分類しようとしました。なかでもスウェーデンのリンネ(Carl von Linne, 1707-1778)は生物界全体を見渡す分類に挑戦し、1735年、《自然の体系》(Systema Naturae)という大著を出版したのです。そのとき彼が提案した分類法すなわち(違いの大きい階層から順に)"界"、"門"、"綱"、"目"、"科"、"属"、"種"と分けた方法は、分類の基本として21世紀の今日でも採用されています。科学の本質は物質や現象に内在する相違を発見し、区別し、区別をもたらす法則や原理を明らかにすることですから、リンネらの仕事は生物学を近代科学へ導く出発点であったといえるでしょう。

ヒトを分類する

具体的に見てみましょう。表1に身近な生き物の分類を示したので、まずヒトについて、表の下から順に見てみましょう。現生している人類、すなわち現代人は1種のみとされていることを不審に思うかもしれません。実際、世界中の人を比べると、顔かたち、髪の色、肌の色、手足のバランスなど明らかに違っています。生物の分類が形態の違いを基本にしているとすると、人類は複数種あるといえるかもしれません。しかし種にはもう1つ重要な定義があるのです。それは異種の生物の間には交配が起こらず、従って遺伝子が混ざり合うことがないという前提なのです。この定義によると人類の場合、民族や宗教や生息場所の違いによる社会的分類は可能ですが、生物学的なヒト(この場合カタカナで書きます)は1種なのです。それでは人種のような違いは生物学の対象にならないのかというと、そんなことはありません。それどころか、同じ日本人の間にも顔の形や性格の違いは明らかで、最近解読された1000人のヒトゲノムを比較すると、人種間の違いはもとより同じ人種内でも個性の違いが遺伝子やDNAの配列の違いに反映していることがわかっています。このような違いを生物学では〈多型〉と表現しています。

現代人は1種ですが、過去にはジャワ原人や北京原人、ネアンデルタール人など絶滅した十数種のヒトの化石が残されています。これらのヒトが定義上厳密に異種かどうか、最近の研究によると現代人のゲノムに過去の人類の遺伝子が混入している形跡が見つかっているので疑問は残りますが、便宜上これらをひとまとめにしてヒト属と分類しています。"属"は近縁の種を集めたもので、種より上位の分類群です。ヒトと近縁のチンパンジー属にはチンパンジーとボノボの2種が、またゴリラ属にはアフリカの東部と西部に250万年隔離された2種が含まれています。この3属を合わせて、さらに上位の"科"、すなわちヒト科を構成すると考えます。サルがなぜヒト科なのかと不審に思うでしょうが、チンパンジーとゴリラの脳の発達度は他のサル、例えばテナガザル科に分類されているニホンザルなどに比べ、はるかにヒトに近いからです。多くの種を含み複数の科で構成するサルの仲間とヒト科

表1　ヒトとアゲハチョウの分類における基本的階層

界	動物界	動物界	動物界	動物界	動物界	動物界	動物界	動物界
門	脊索動物門	脊索動物門	脊索動物門	脊索動物門	節足動物門	節足動物門	節足動物門	節足動物門
綱	哺乳綱	哺乳綱	哺乳綱	哺乳綱	昆虫綱	昆虫綱	昆虫綱	昆虫綱
目	霊長目	霊長目	霊長目	霊長目	チョウ目	チョウ目	チョウ目	チョウ目
科	ヒト科	ヒト科	ヒト科	テナガザル科	アゲハチョウ科	アゲハチョウ科	アゲハチョウ科	アゲハチョウ科
属	ヒト属	チンパンジー属	ゴリラ属	マカク属	アゲハチョウ属	アゲハチョウ属	アオスジアゲハ属	ギフチョウ属
種	現代人	チンパンジー	ニシゴリラ	ニホンザル	ナミアゲハ	クロアゲハ	アオスジアゲハ	ギフチョウ
学名	*Homo sapiens*	*Pan troglodytes*	*Gorilla gorilla*	*Macaca fuscata*	*Papilio xuthus*	*Papilio protenor*	*Graphium sarpedon*	*Luehdorfia japonica*
命名者	Linnaeus 1758	Blumenbach 1799	Savage 1847	Blyth 1875	Linnaeus 1767	Cramer 1775	Linnaeus 1758	Leech 1889

図1　昆虫の系統分類

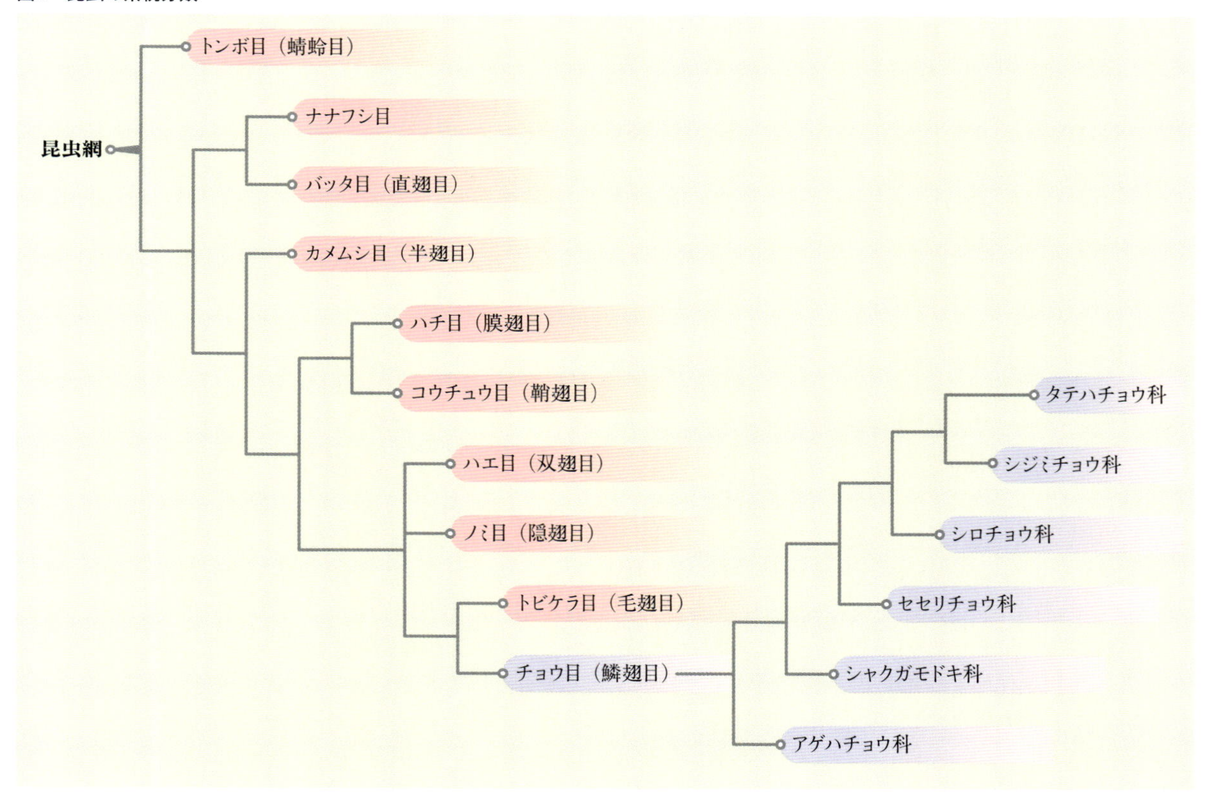

▲昆虫綱に含まれる代表的な目の分類を、DNA解析によって明らかになった進化系統によって模式的に示す。最後にトビケラ目と分岐したチョウ目から進化したチョウ類の科の分岐順序を示した。図は相互の関係と分岐の順序を示したもので、進化距離や分岐年代を示すものではない。

をまとめると階層がまた1つ上がって“目”、すなわち霊長目となります。その上の“綱”には胎生で母乳によって育てられるウシ、ウマ、ネズミやカンガルー、カモノハシまで二十数目、約4500種が哺乳綱と名付けられました。さらにその上を“門”と呼び、背部に神経管を持つ動物を集めて脊索動物門と名付けられ、哺乳類はもとより、鳥類、両生類、魚類、ヤツメウナギ、ホヤからナメクジウオまでを含んでいます。これで動物の大半を構成するように思えますが、実は動物の世界ははるかに多様で、この門に属さず、脊索や脊椎を持たない動物は約30門もあるのです。その全体を動物界と呼び、その他の植物界、菌界、原生動物界、細菌界と区別しています。つまり生物全体は5つの界で構成されているのです。

家系を大切に——
節足動物門－昆虫綱－チョウ目－アゲハチョウ科

脊索動物門以外の30門についてここでは詳しくは触れませんが、その中の代表的な門の1つがわれらのチョウが所属する節足動物門です。表の右側に移ってください。今度はヒトの場合とは逆に分類の上位から下位へと見ていきましょう。節足動物門には絶滅した三葉虫をはじめ、クモ、サソリ、ムカデ、ミジンコ、エビ、カニなど約18綱が含まれており、その1つが昆虫綱なのです。昆虫綱はわかっていて名前が付けられているものだけでも約80万種があり、地球上で最も繁栄を謳歌している動物群といえるでしょう。これらの種はきわめて多様性に富んでおり、綱の下位は30目に分けられています。主なものは地球上に発生した順にトンボ目（ヤンマ、シオカラトンボなど5000種）、バッタ目（オンブバッタ、コオロギなど2万種）、カメムシ目（セミ、カメムシなど8万2000種）、ハチ目（ミツバチ、アリなど11万種）、コウチュウ目（カブトムシ、オサムシなど35万種）、ハエ目（ハエ、カ、アブなど15万種）、そして最後にチョウ目（チョウとガ、合わせて17万種）です（図1）。

このように多くの先人の努力の結果、生物界におけるアゲハチョウの立ち位置が明らかになり、お馴染みのナミアゲハには〈動物界、節足動物門、昆虫綱、チョウ目、アゲハチョウ科、アゲハチョウ属、ナミアゲハ〉という仰々しい名前が付けられているのです。その仰々しさは現代人が〈動物界、脊索動物門、哺乳綱、霊長目、ヒト科、ヒト属、ヒト〉と名付けられるのと対等なのです。いいかえれば、生物学ではヒトもナミアゲハも対等の存在だといえるでしょう。しかし、いくら対等だからといって、こんな長い名前を持ち歩くのは大変だから、研究者が使う名前（学名）は分類の最後の2つ、属と種を使うことと規定しています。これも200年も前にリンネが提案した〈二名法〉がそのまま使われているもので、世界に共通の言葉としてラテン語で表され、例えば現代人は*Homo sapiens*、ナミアゲハは*Papilio xuthus* といいます。ここでも対等の原則は守られています。

2. DNAが語るFamily History

全生物界におけるアゲハチョウの立ち位置がわかったところで、その全体像を見てみましょう。〈ぷてろんワールド〉の情報をもとに、後述するDNAによる家系のデータを用いて少し修正し、表2のような分類表を作成しました。この表では、アゲハチョウ科の331種を、3亜科、6族、32属に分類しました。最近では属の間の関係と相違をよりわかりやすくするために、科と属の間に“亜科”と“族”を加えるようになりました。また、白岩康二郎や最近の多くの研究者、図鑑では、アゲハチョウ族の中の一部、約130種を1つの*Papilio*属（アゲハチョウ属）に括り、すべてを*Papilio* xxxのように名付けています。しかしこれでは属レベルの違いがわかりにくいです。1970年代にはアゲハチョウ属は4つほどに分けられ、異なる亜属名を持っていました。その代表的なものとして五十嵐邁の4亜属を表2に併記しておきます。

図2に南西諸島と小笠原諸島を含む日本列島に分布している19種のアゲハチョウの家系図を、五十嵐の分類に即して2亜科、6族、7属に分けて示しました。種の数こそ少ないのですが、ウラギンアゲハを除く世界の2亜科と6族のすべてについて、その代表的な種が列島に分布しているのはありがたいことです。日本列島の総面積と地理的分布から見てこの数が少ないのかどうかは、世界のアゲハチョウの多様化のメカニズムを考察するときに考えましょう。

ダーウィンとヘッケル

アゲハチョウの祖先はいつ頃現れて、どのように変化してきたのでしょう。今なら誰でも抱くFamily Historyに関する疑問は、リンネによって生物の分類が完璧に行われたにもかかわらず、19世紀後半まで誰も不思議に思わなかったのです。すべての生物は神様の手で創造されたもので、永遠に変わることはないと信じられていたからです。1859年、《種の起源》が出版され、種は不変ではなく変わるものなのだというダーウィン（Charles Darwin, 1809-1882）とウォーレス（Alfred Wallace, 1823-1913）が提唱した進化論は、キリスト教社会を根底から揺るがす大事件になったのです。さすがのダーウィンも教会の反撥をおそれて、人類については進化論の対象とはしませんでした。しかし、ダーウィン進化論の信奉者だったヘッケル（Ernst Heinrich Häckel, 1834-1919）は、1874年、生物進化を大樹の生長にたとえ、単細胞微生物（Moneren）の根元から多数に枝分かれをしながら伸び続け、頂点にヒト（Menschen）を置いた進化系統樹を世界で初めて描いたのです（図3）。20世紀になって世界の各地から現生種につながる生き物や絶滅種の化石が

表2　世界のアゲハチョウ

アゲハチョウ科3亜科6族32属331種の内訳。これまで記載がすすんでいる世界のアゲハチョウ331種の系統について、DNA解析による修正を加味して分類した

亜科	族	属数・種数	属	種数
ウラギンアゲハ亜科		1属1種	ウラギンアゲハ属 *Baronia*	1種
ウスバアゲハ亜科	ギフチョウ族	2属5種	シリアアゲハ属 *Archon*	1種
			ギフチョウ属 *Luehdorfia*	4種（日本産2種）
	ホソオチョウ族	4属8種	シロタイス属 *Allancastria*	2種
			ホソオチョウ属 *Sericinus*	1種（日本産1種）
			タイスアゲハ属 *Zerynthia*	2種
			シボリアゲハ属 *Bhutanitis*	3種
	ウスバアゲハ族	2属29種	イランアゲハ属 *Hypermnestra*	1種
			ウスバアゲハ属 *Parnassius*	28種（日本産3種）
アゲハチョウ亜科	ジャコウアゲハ族	9属70種	アオジャコウアゲハ属 *Battus*	11種
			キオビジャコウアゲハ属 *Euryades*	2種
			ウスバジャコウアゲハ属 *Cressida*	1種
			マエモンジャコウアゲハ属*1) *Parides*	20種
			ベニモンアゲハ属 *Pachliopta*	1種（日本産1種）
			ジャコウアゲハ属*2) *Atrophaneura*	15種（日本産1種）
			キシタアゲハ属 *Troides*	8種
			アカエリトリバネアゲハ属 *Trogonoptera*	2種
			メガネトリバネアゲハ属 *Ornithoptera*	10種
	アゲハチョウ族	6属154種	トアスアゲハ属 *Thoas*	10種
			フトオアゲハ属*3) *Agehana*	2種
			マネシアゲハ属 *Chilasa*	10種
			ドルーリーオオアゲハ属 *Druryeia*	2種
			アゲハチョウ属 *Papilio*	32群130種（日本産9種）
			五十嵐の分類ではアゲハチョウ属を4亜属93種に細分：キアゲハ亜属 *papilio*	10種(日本産2種)
			パプアアゲハ亜属 *euchenor*	1種
			シロオビアゲハ亜属 *menelaides*	43種(日本産5種)
			カラスアゲハ亜属 *achillides*	39種(日本産2種)
			カギバアゲハ属 *Meandrusa*	3種
	アオスジアゲハ族	8属64種	ヨーロッパタイマイ属 *Iphiclides*	1種
			スソビキアゲハ属 *Lamproptera*	2種
			テングアゲハ属 *Teinopalpus*	2種
			ヘリコニウスタイマイ属*4) *Mimoides*	6種
			ドリカオンオナガタイマイ属*5) *Eurytides*	3種
			シロオナガタイマイ属 *Protesilaus*	4種
			トラフタイマイ属*6) *Protographium*	5種
			アオスジアゲハ属 *Graphium*	41種（日本産2種）

*1）シロモンジャコウアゲハ属ともいう。*2）アケボノアゲハ属ともいう。*3）マネシアゲハ属と同属ともいわれる。*4）マネシタイマイ属ともいう。*5）ホソオタイマイ属ともいう。*6）アメリカオナガタイマイ属ともいう。

図2 日本のアゲハチョウ

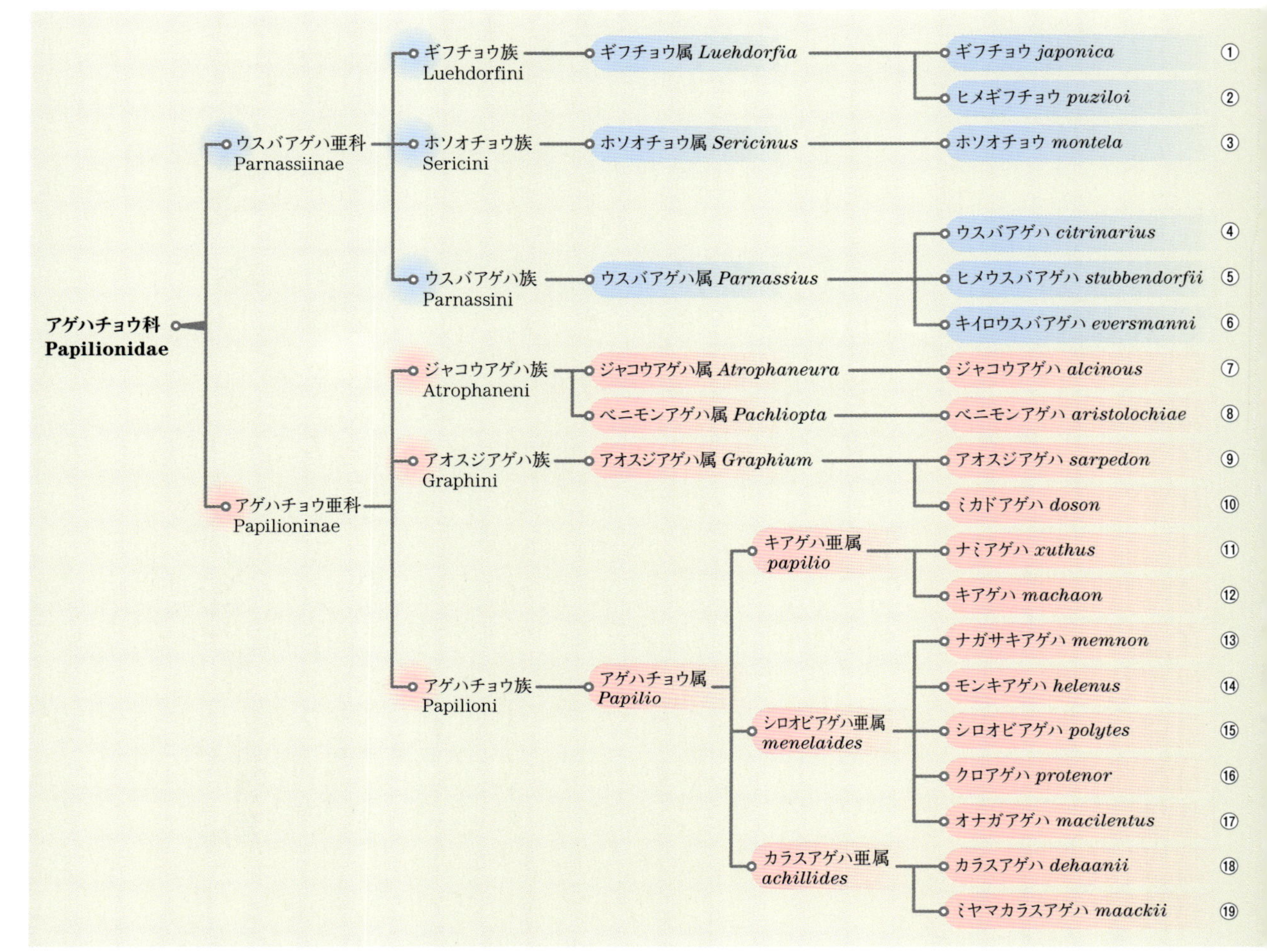

▲日本列島に生息する19種類のアゲハチョウの系統分類を示した。

発見され、地質学の進歩により化石が発見された地層の年代測定が可能になった結果、生物進化は疑いようのない事実として認められるようになりました。

DNAが証明した遺伝と進化

生物の進化現象をさらに確実にしたのはワトソン（James Watson）とクリック（Francis Crick）によるDNA二重らせん構造の発見でした（1953年）。A（アデニン）、T（チミン）、G（グアニン）、C（シトシン）という4種類の塩基（塩基性の化合物）が糖（デオキシリボース）とリン酸でつながった長い分子が、生物の遺伝情報を担う分子であることが明らかになったのです。その後の研究で、バクテリアからヒトまでこの同じDNAが遺伝情報として働いていることが判明し、微生物から高等動植物まですべての生物の進化はDNAの変化によってもたらされたことが明らかになりました。こうして化石のない微生物からヒトまでがDNAという1本の糸でつながったのです。DNAはとても安定した物質なので、親から子、子から孫へと永遠に伝えられる遺伝情報を担う物質として、40億年前、生命誕生のときに選ばれたのです。実際、マンモスや類人猿の化石からDNAを抽出して遺伝情報を調べることも可能なのです。

その一方で、生きている生物の細胞の中にあるDNAは決して不変な物質ではなく、ゆっくりと変化しています。細胞は成長すると分裂して2個の同じ細胞（これを娘細胞といいます）になりますが、そのとき細胞に含まれているすべての遺伝情報の担い手であるゲノムDNAもまた複製されて2倍になり、もとと同じものが娘細胞に分配され

図3　ヘッケルが描いた人類の系統図

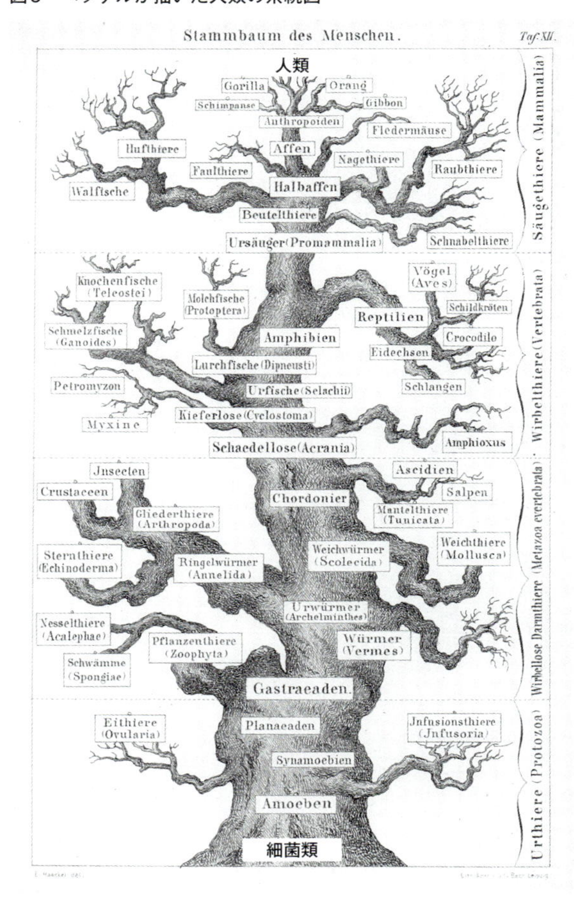

▲Moneren（菌界）からMenschen（人類）にいたるすべての生物を1本の巨木から派生する多数の枝として描いている。
Ernst Häckel "Anthropogenie oder Entwickelungsgeschichte des Menschen" (1874)のためのデザインより。

ます。細胞は遺伝情報を担うDNAを種に固有の数の染色体に分割して核に収納しています。ヒトの場合、両親から受け取った22対の常染色体と1対の性染色体（雌はXX、雄はXY）を持っています。一方の親から受け取った22本＋XまたはYをゲノムといいます。性染色体Xを持つゲノムは雌ゲノム、Yを持つゲノムは雄ゲノムです。従って、女性の細胞核は1対（2組）の雌ゲノムを、男性の細胞核は雌雄ゲノムを1組ずつ持っていることになります。

ヒトの場合、受精卵という1個の細胞から、成人になると60兆個にまで増えますが、すべての細胞は受精卵が持っていた同じゲノム、従って同じ遺伝情報を持っているのです。"同じ"というのは実は不正確で、ゲノムは変化しています。ゲノムDNAは細胞の中にある複製酵素によって、元のDNAを鋳型にして同じものが写しとられます。しかし酵素の働きは完全ではないので、写しとるときに低い頻度ですが間違いを犯すことがあるのです。ヒトゲノムの場合、DNAはATGCが約30億個も連なっており、それが1回複製されるたびに数か所に間違いが起こることが知られています。60兆の細胞を作るには40数回細胞分裂しなければならず、ゲノムも同じ回数複製されますので、その結果、成人になったときには受精卵に比べるとゲノムの150か所程度の塩基に変化が起きている可能性があります。ゲノム全体の30億個の塩基中の150塩基、すなわち0.000005%の変化は、遺伝情報に影響を与えることはほとんどないと考えていいでしょう。しかし、ゲノムに起こるこのわずかな変化こそが、長い時間的スケールの進化を起こす重要な原因なのです。

DNAは歴史を測る時計の役割をする

ゲノムを作っているDNAに起こる変化（これを突然変異といいます）は生物進化を示す時計の働きをするという考え方は、すべての生物に適用してもよいと認められ、〈分子時計〉といわれるようになりました。実際には全ゲノムを比較することは容易ではないので、一般には1000-2000塩基程度の大きさで、どの生物も共通に持っている遺伝子（例えばタンパク合成に欠かせないリボソームRNAの遺伝子や基礎代謝に必要な酵素の遺伝子など）の配列を比較しています。

分子時計はスローペースで時を刻みますが、1億年も経過するとDNA配列には十数％の変異が蓄積します。種が分化して1億年以上経つヒトとニワトリくらい遠縁のものを比較すると、2000塩基くらいの遺伝子でも200個以上の配列に違いがあるため正確な値を得ることができます。しかし、ヒトとチンパンジーのように600万年前頃に種分化したものでは配列の違いは1％にすぎません。2000塩基の遺伝子の場合、違いは20個程度になります。実際の解析では、個体による差をなくすため数個から十数個のサンプルを測定し平均値を求めます。その値が20個程度では誤差は20％を超えてしまい、不正確で使いものにならないのです。

この苦境を救ったのがミトコンドリアでした。細胞の中には核に入っているゲノムのほかにミトコンドリアというエネルギー生産に特化した小粒子があり、固有の小さなゲノムを持っています。核のDNAの変化率がとても低いのは、複製酵素が間違えて生じた変化をもとの状態に戻す修復機構が働いているからです。ところがミトコンドリア粒子の中では修復機能が働いていないらしく、DNAの変化率が核ゲノムに比べて5～10倍高いのです。変異率が大きいミトコンドリア遺伝子の塩基配列を比較することによって、1億年より後、数百万年前の間に起こった変化を正確に測定することができるようになりました。これからお話しするアゲハチョウのFamily Historyは1億年程度しか遡らないので、ミトコンドリア遺伝子に存在し、エネルギー生産に不可欠でどの生物にも普遍的に存在するチトクロームや脱水素酵素などの遺伝子が解析に使われています。

分子時計の原理を使ってわかってきた重要なことは、進化は種Aから種Bへ、種Bから種Cへというふうに直線的に起こるのではなく、ヘッケルが予言したように、種Aから種BとCが、続いて種Bから種DとEが、種Cから種FとGがというように枝分かれ的に起こるということです。分子時計は現生生物のDNAを比較し、その枝分かれ、すなわち分岐の〈時〉を推定することができます。地球上のすべての生物種は1本の巨大な木から生じた数百万本もの枝の1つ1つに相当するのです。

このように、すべての枝がいつどのように分かれてきたのかはDNAの分子時計を使ってたどることはできますが、枝分かれが生じたときの生物種がどのようなものであったかという情報はまったくわからず、比較に使った現生種から想像をたくましくするよりほかないのです。種が分岐した時期の化石でも見つかればいいのですが、チョウのような生物は骨がないため化石になりにくく、その機会はきわめて少ないのです。実際これまで発見されているチョウの化石はアメリカ・コロラド州の6000万年前の地層から出たものなど数例に限られています。

非モデル生物のDNA研究

チョウはガとともにごく最近（といっても2億年くらい前）、トビケラの仲間から分かれて進化したと考えられています。チョウ目15万種の90％はガで、約2億年前から1億年かけて多数の科が生まれました。そしてその最後、約1億年前にチョウが現れたのです。これまでチョウの5つの科はセセリチョウ科、シロチョウ科、アゲハチョウ科、タテハチョウ科、シジミチョウ科の順に進化したと考えられていましたが、2018年の研究（原著論文6）で、最初に分化したのはアゲハチョウ科で、次いでセセリチョウ科、シロチョウ科、シジミチョウ科、タテハチョウ科の順であることが明らかになりました。そのうえ、アゲハチョウ科とセセリチョウ科の間に、夜行性のシャクガモドキ科が入ってきたのです。いったんアゲハチョウ科のような昼行性の生き物に必要な多くの機能を進化させておきながら、その兄弟に夜行性が戻り、そのあとで再び昼行性のセセリチョウ科が進化するという不思議なことが起こっている事実に多くの研究者が首を傾げています(図1)。

21世紀に入ると、DNA配列を決定し大量のデータを解析する技術が格段に進歩し、安価で容易に使えるようになりました。その結果、従来は大腸菌や酵母菌、ショウジョウバエなど特別なモデル生物に限られていたDNAによる研究が、アゲハチョウのような非モデル生物でも行えるようになったのです。

2004年、カナダ（アルバータ州）とアメリカ（カリフォルニア州）の研究者は、世界の70種のアゲハチョウについてミトコンドリアの遺伝子を用いて系統解析を行い、見事な系統樹を作成しました（原著論文1）。同じグループは2007年にアゲハチョウの古いグループであるウスバアゲハ族を中心に解析を展開し（原著論文2）、さらに2008年には同じような大規模な研究がフランスでも行われました（原著論文3）。こうしてDNAによるアゲハチョウのFamily Historyはほぼ完成されたのです（原著論文4）。これらの論文には同時期に日本で行われた多数の研究が引用されています。

アゲハチョウの起源

上にあげた論文を総合して、DNAによる世界のアゲハチョウ科の家系図を作成してみました（図4）。それによると、アゲハチョウ科の祖先種は約1億1000万年前にガの1つの家系の祖先種から分岐した1つの大きな家系（これを単系統家系といいます）であることがわかりました。その祖先種はどのようなチョウだったのでしょう。現生するアゲハチョウの中で形態的に最も古く、生きた化石と考えられている種があります。ウラギンアゲハ（メキシコアゲハ）という名のそのチョウは、他のアゲハのどれとも形態的な類縁関係が認められないので、特別な亜科に分類され、1亜科−1属−1種とされており、メキシコの限られた地域に生息する変わりものなのです。アゲハの特徴でよく知られる頭部から臭いを発散する肉角を出すという性質は持っているのですが、翅脈にはガの痕跡があり、マメ科の植物を食べる幼虫は地中5cm深くに潜って蛹になり、雨が降り地面が柔らかくなると羽化するというまるでガのような特性を持つなどから、生きた化石にふさわしいと思われたのでしょう。1978年にアメリカ・コロラド州の約6000万年前の地層から発見された最古のアゲハチョウの化石がこのウラギンアゲハに似ていることも、アゲハチョウの祖先とする有力な証拠になったようです。

ところが、2007～2008年のアメリカとフランスの2つのグループの独立した研究によって、ウラギンアゲハはウスバアゲハに近縁で、アゲハチョウの中では3番目に古い家系から6000万～7000万年前に派生したものだと説明されました。しかし別のアメリカのグループは、DNAデータに翅脈のような形態的な要素を加えると、やはりアゲハの中でいちばん早く生まれた家系だと主張しています。さらに2018年の国際的な大掛かりな研究（原著論文6）によっても、ウラギンアゲハはアゲハチョウの祖先種から最初に分化した種であることが示されました。このように研究者の間で結論が二転三転するのは、チョウのような化石が少ない生物について1億年前の起源を探ることはきわめて難事業だからです。

この事実によると、アゲハチョウの祖先種はウラギンアゲハが生息するメキシコで発生したということになるのでしょうか。これはとても考えられません。なぜなら、アメリカ新大陸のアゲハチョウの大多数は、北はユーラシア大陸経由で、南はアフリカ大陸経由で伝播したものと考えられるからです。もう1つ重要な事実があります。図4を見てください。アゲハチョウの祖先種は8000万年前にウラギンアゲハを分化しただけで、6000万年前頃まで4000万年もの間ほとんど種分化を起こしていないように見えます。

その原因として考えられるのは6600万年前に起こったK-Pg境界と呼ばれている大事件です。中生代と新生代の境界に当たるのでKreide（ドイツ語の中生代白亜紀）とPaleogene（英語の新生代古第三紀）の頭文字をつないでK-Pg境界と呼ばれる時期に、恐竜のような大型爬虫類や、アンモナイトをはじめ海洋のプランクトンや植物相まで、多数の生物が絶滅し、種のレベルで最大約75%、個体数では99%以上が死滅したといわれています。その原因について諸説が議論されましたが、1991年、メキシコ南東部、メキシコ湾に突出するユカタン半島に巨大隕石の衝突によって生じたと思われるクレーターが発見され、研究が進められた結果、隕石の衝突こそがK-Pg境界における生物大量絶滅の主要因であると結論付けられました。ちなみに2015年に発表された論文では、衝突の時期は6604万年前（誤差3万年）と特定されています。

この衝突による絶滅の結果、海洋生物の回復には40万年が、また被子植物が白亜紀レベルの多様性まで回復するには150万年かかっています。植物に依存するアゲハチョウも絶滅の危機を免れることはできなかったでしょうから、K-Pg境界を生き延びた種が種分化を再開するのは6500万年前以降になったのでしょう。K-Pg境界の時期、ウラギンアゲハはどうしていたのでしょう。もしこの種が隕石衝突の現場近くのメキシコにいたら完全に滅亡していたに違いありません。このこと1つとってみても、このチョウの起源はユーラシアかアフリカ大陸のどこかであって、K-Pg境界以後に何らかの方法でメキシコに移住したものと考えるのが妥当でしょう。

1亜科1属1種の特殊なウラギンアゲハのことはちょっと忘れて、図4の家系図と海野の写真を見ながら、残りの大多数のアゲハチョウの家系の中から祖先種を探す旅に出ることにしましょう。昆虫類の歴史を考えるとき、まずその年数のスケールに注目してください。チョウの一

図4 DNAが語る世界のアゲハチョウの進化と多様化

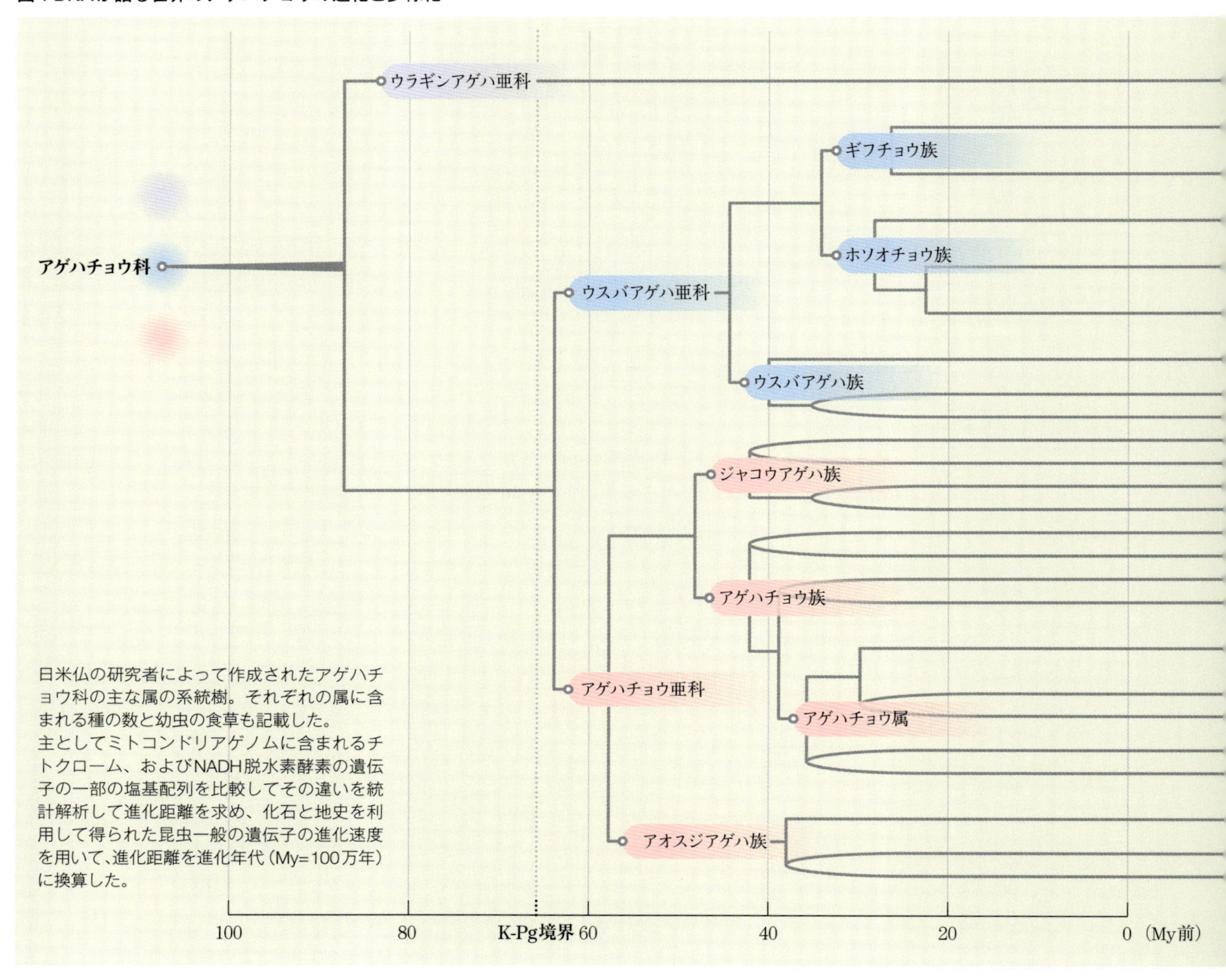

日米仏の研究者によって作成されたアゲハチョウ科の主な属の系統樹。それぞれの属に含まれる種の数と幼虫の食草も記載した。
主としてミトコンドリアゲノムに含まれるチトクローム、およびNADH脱水素酵素の遺伝子の一部の塩基配列を比較してその違いを統計解析して進化距離を求め、化石と地史を利用して得られた昆虫一般の遺伝子の進化速度を用いて、進化距離を進化年代（My=100万年）に換算した。

生は人間とは比べものにならぬほど短いものですが、種のレベルではチョウの歴史は人類の600万年に比べるとはるかに長く、図4のように100万年を単位として数えるほどなのです。アゲハチョウが生まれたのは人類の起源の20倍も昔だったことを忘れないでください。

アゲハチョウ進化の最初のイベントは、発祥から2000万年も経ってからウラギンアゲハが分化したのち、さらに2000万年後、K-Pg境界事件のあと、アゲハチョウ亜科とウスバアゲハ亜科という大きな2家系の祖先種が誕生したことでした。この2亜科の分化の順序ははっきりしないので、どちらが祖先種に近いのかをDNAの解析から測ることはできません。

アゲハチョウ亜科の祖先種からは、アオスジアゲハ族及びジャコウアゲハ族とアゲハチョウ族の共通の祖先種が分岐します。アオスジアゲハ族の祖先種は4000万年前頃から種分化を繰り返し、8属64種以上が生まれます。一方、ジャコウアゲハ族とアゲハチョウ族は共通の祖先から5000万年前頃に分岐し、独立の家系が生まれます。ジャコウアゲハ族の家系はまもなく9属70種以上の種に分化しますが、アゲハチョウ族の祖先種から現生種につながる種分化は少し遅れ、4000万年前頃に始まって、5属150種を超える大家族に発展するのです。一方、ウスバアゲハ亜科の家系からは、2000万年近く沈黙を守ったのち、ウスバアゲハ族とギフチョウ族の祖先種が分岐し、続いて後者からギフチョウ族とホソオチョウ族の2家系が誕生しました。

図4を眺めていて気がつくのは、同じ長さの歴史を経験しながら、ウスバアゲハ亜科はアゲハチョウ亜科に比べて進化した種の数がとても少ないことです。ウスバア

		幼虫の食草
ウラギンアゲハ属	1種	マメ科
ギフチョウ属	4種	ウマノスズクサ科
シリアアゲハ属	1種	ウマノスズクサ科
ホソオチョウ属	1種	ウマノスズクサ科
シボリアゲハ属	3種	ウマノスズクサ科
タイスアゲハ属	2種	ウマノスズクサ科
イランアゲハ属	1種	ハマビシ科
ウスバアゲハ属	28種	ベンケイソウ科、ケシ科
アオジャコウアゲハ属	11種	ウマノスズクサ科
ジャコウアゲハ属他	8属59種	ウマノスズクサ科
トアスアゲハ属	10種	コショウ科
マネシアゲハ属	10種	クスノキ科、ミカン科
キアゲハ亜属の ナミアゲハ、ルソンアゲハ	2種	ミカン科
キアゲハ亜属	8種	セリ科など
シロオビアゲハ亜属、 カラスアゲハ亜属など	120種	ミカン科
ヨーロッパタイマイ属	1種	バラ科
アオスジアゲハ属他	7属63種	バンレイシ科、モクレン科

ゲハ族の1家系、ウスバアゲハ属は28種に分化して世界に広く分布していますが、ギフチョウ族とホソオチョウ族は両者を合わせても十数種に過ぎません。イランアゲハ属も1属1種です。これら少数派に共通しているのは、どれも小型でアゲハチョウらしくなく、〈異形アゲハ〉と呼ばれていること。また多くはウマノスズクサ科の植物を食べ、狭い範囲に細々と生息していることです。多くの種を分化するような変化を避け、祖先の形質を維持し続けているようです。この仲間からアゲハチョウの祖先種を探ることができるように思われますが、DNA解析からわかることはここまでです。次節に述べるように、起源を探るにはチョウの生態や分布、幼虫の構造などDNAではわからない多くの形質を詳しく調べる必要があるのです。

3. DNAでは見えないFamily History

さまざまなアゲハチョウの共通の性質

DNAの塩基配列の比較から、アゲハチョウの祖先種は約1億年前に生まれ、300種余りもの大家族に発展したことがわかりましたが、ガの祖先と共通という祖先種はどのような形をして、どこにすんでいたのか、そして1億年の間にどのようにして種を増やし多様化してきたのかについては、残念ながら今のところDNAは何も語ることができません。しかし、私達は現存する300種余りのアゲハチョウが、熱帯から寒帯まで、5大陸と周辺の島々、地球上のあらゆる場所に生息し、ウスバアゲハのように小型の半透明で白が基調のもの、ギフチョウのように中型で飛翔力の弱いもの、キアゲハやクロアゲハのように大型で飛翔力の強いもの、熱帯林に分布するトリバネアゲハのような変わり種と同じ家系のジャコウアゲハの仲間、それらのどれとも違って遠縁のマダラチョウ科のような多彩な模様を持つマネシアゲハなどなど豊かな色彩とさまざまな生き方をしているチョウがいることを知っています。

これらのすべての種にはっきりと共通するのは、幼虫の頭部の先端に皮膚が袋状に包み込まれた構造を持ち、外敵に接触すると、強烈な臭いを発する白から黄色の2本の肉角を突出させるという性質です。最近の研究で、この匂い物質は食草の成分そのものではなく、チョウが自ら合成していることが明らかになりました。1億年前、祖先種はこのような複雑な構造を獲得してアゲハチョウ科という大家系を作る起源種になったのです。

共通の起源種を持つ約300の現生種には、当然、臭いの角以外にも共通点があります。その共通点を探り、異なる点を見つけることで、種は属に、属は族に、族は亜科にと分類されたのです。さらに種から亜科まで、どの形質が保存され、どの形質が発展し特化したのかが詳細に検討され、アゲハチョウの形質の進化を明らかにし、祖先種に最も近い種を探し求める努力が積み重ねられました。この成果はDNAの時代にも色あせることはなく、DNAによって確定した家系の分岐の歴史と重ね合わせることによって、進化の道筋を再現することができるようになったのです。

進化という言葉

先人の努力と成果を具体的に見ていく前に、〈進化〉という言葉について考えておきたいと思います。明治時

▲クロアゲハ

▲キアゲハ（撮影：吉川）

▲アオジャコウアゲハ

▲ヒメギフチョウ

▶ギフチョウ

幼虫の肉角
アゲハチョウ科のすべての種に共通する特徴である臭いの腺をもつ肉角を示す。

代、日本に西洋の科学文明が押し寄せたとき、啓蒙のために多くの科学用語に訳語が作られました。その多くは名訳といえるものですが、こと進化に関しては誤解を生む訳が付けられました。ダーウィンの進化論の根幹をなすmutation and natural selectionは〈変異と自然淘汰〉と訳され、その結果起こるevolutionは〈進化〉と訳されたのです。その結果、英語に馴染まない日本人は、進化とは生物に起こった変異のうち、悪いものは淘汰され、優れたものだけが選ばれた結果であると理解するようになったのです。本来、英語のevolutionはevolveという動詞から派生したもので、〈新生する〉あるいは〈発展する〉という意味です。また、natural selectionは〈自然の環境が選択する〉という意味に過ぎません。すなわちさまざまな変異によって生じた新しい性質が、さまざまな環境に適応することによって発展していく、というのが進化であって、そこには良いとか悪いとか、優れているか劣っているかといった価値観は入っていないのです。

なぜこのような訳が生まれ、誤った説が定着したのでしょう。evolutionを進化と翻訳したのは1920年に東大の初代総長になった加藤弘之です。彼は兵庫の出石藩士から得意な蘭学によって幕臣となり、当時では珍しいドイツ語を学んでいましたが、新政府の命により外国の制度・法律の翻訳に従事しました。その過程でダーウィンの進化論に出会い、当時イギリスを中心に流行っていた社会進化論に傾倒し、ダーウィニズムを導入して、国家を1つの生物として捉え、生存競争説を展開し、自由民権論や天賦人権論に反対の立場を貫きました。彼にとってevolutionは、競争により勝者を創造すること、まさに進化することだったのです。

一般に自然選択を繰り返すことによって、生物は環境に適応する複雑な機能を蓄積しますから、進化（発展）が進めば能力のレベルが高くなることや、特別な性質を獲得する（特化）ことがあります。私はこれを〈進化度〉と表現することを提唱します。アゲハチョウの中には進化度の高いものと低いものがあるということです。

五十嵐邁さんの業績

話をもとに戻して、アゲハチョウの進化を進化度の観点から考えようと思います。多くの先人の努力を紹介しなければなりませんが、ここではアゲハチョウ研究の第一人者である五十嵐邁の研究に絞りたいと思います。五十嵐さんは建設会社に勤める傍ら世界のアゲハチョウを観察・収集し、幼虫を飼育し、ほぼ全体を網羅する322種について成虫のカラー写真と卵、幼虫（1－5齢、すべての齢)、蛹のカラー図版を出版しました（《世界のアゲハチョウ》講談社、1979)。この大著は京都大学理学部に提出され、博士論文として採択されました。氏のすごいところは、現地を踏破して分布を確認し、生態について野生の食草を調べたうえ、卵から蛹までを野外の状態で確認しているところです。

氏は〈私自身も少年の日にアゲハチョウの虜となった一人で、その魅力に惹かれて世界をさまよい、採集をするだけでは満足できずに幼虫を飼育するようになり、飼育にも満足できずに写生をする、といったのめりこみ方である。そして従来の図鑑に満足できず、いわば自分のためにこの本を造ってしまった〉と書いています。この大作は世界に誇れる（解説が英文でないのは残念)、歴史に残る科学書といえるでしょう。私は30年来の愛読者の1人で、自身がアゲハチョウの遺伝子研究をしていたとき、その成果を書いたり講演したりするうえで大変お世話になりました。

▲▼シリアアゲハの標本　（東京大学総合研究博物館所蔵・五十嵐邁コレクション昆虫目録1（鱗翅目:アゲハチョウ科））より。写真提供：矢後勝也（東京大学総合研究博物館）

幼虫が語る進化度

五十嵐は進化度を表すとき、成虫の形態、構造、色彩（鱗粉の色素とその合成)、習性、行動、食性など、従来指標とされている形質を精査するとともに、特に幼虫の形態に注目しました。脊椎動物の進化を調べると、幼生の時期は互いによく似ているために進化度の違いをはっきり比較することができることはよく知られています。アゲハチョウでも同じように幼生期を調べることが重要だと考えたのです。そのためアゲハチョウ全属の幼虫を求めて世界を歩き、特に異型種と呼ばれる進化度の低いシロタイスアゲハ、シリアアゲハ、イランアゲハの生息地であるイラクやアフガニスタンの高原を、またウスバジャコウアゲハの生息地オーストラリア・ブリスベンの高地をさまよい、食草を見つけ、現地での飼育に成功して初めて生活環を完全に知ることに成功しました。彼の手の及ばなかった異型アゲハの1つシボリアゲハは、のちに東京大学総合研究博物館の矢後勝也ら日本の調査隊によってブータンの森で産卵が確認され、幼虫はギフチョウに類似することが明らかになりました。

五十嵐によると、幼虫から成虫まで形態（羽の構造や色彩)、行動など多くの形質を総合して評価すると、アゲハチョウの中で最も進化度の高いのはアオスジアゲハ属とカギバアゲハ属(*Graphium*の進化度レベルと命名)、次はカラスアゲハ亜属とテングアゲハ属の*Achillides*のレベル、3番目はシロオビアゲハ亜属、フトオアゲハ属の*Menelaides*のレベル、4番目にキアゲハ亜属などの*Papilio* のレベルと分けられます。それ以下は原始的なレベルとされ、ジャコウアゲハ属とマネシアゲハ属のほかウスバアゲハ族のイランアゲハ属、タイスアゲハ属、ホソオチョウ属とギフチョウ属が含まれています。これら原始的レベルのアゲハチョウについても進化度による位置付けがされており、最も進化度が低く祖先種の中でも起源に近いのはイランアゲハ属で、次いでギフチョウ属、シリアアゲハ属とタイスアゲハ属であると結論しています。

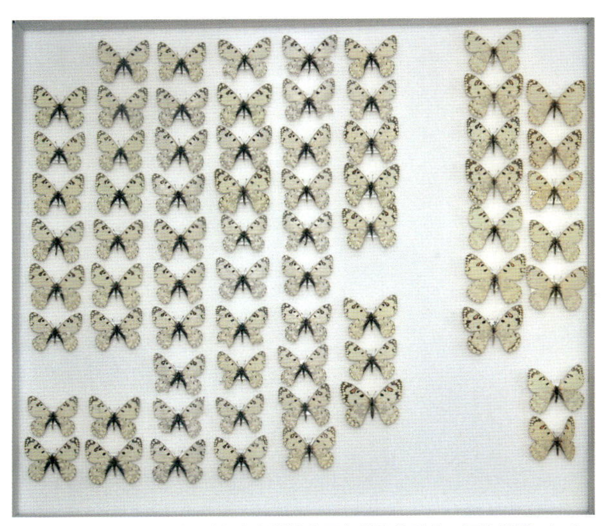

▲イランアゲハの標本：（東京大学総合研究博物館所蔵・五十嵐邁コレクション昆虫目録1（鱗翅目：アゲハチョウ科））より。写真提供：矢後勝也（東京大学総合研究博物館）
▶1齢幼虫の突起と刺毛：（上から）ナミアゲハ、ヒメギフチョウ、ヘレナキシタアゲハ

進化度の決め手になったのは1齢幼虫の体の突起の形と、それに生える刺毛の数です。一般に動物の発生においては、初期の段階ほど魚類から哺乳類まで共通性が高いことはよく知られています。同じようにアゲハの場合でも、卵から孵化したばかりの幼虫は互いによく似ていますが、成長するに従って長い歴史の中で獲得し特化した性質が色や形に現れてくるのです。従って幼生の比較は、それぞれの属に内在する性質を示すものとして重要だと考えたのです。

図5はアゲハチョウのそれぞれの属の1齢幼虫の体の突起と刺毛を進化度の順に示した模式図です。成虫を比較して進化度を評価することはとてもできないことは明らかです。ところが1齢幼虫はよく似ていますから、背中の突起の形と刺毛の数を比較して進化度を測ることは比較的容易です。五十嵐の評価を見ると、突起の形の変化と刺毛の数の変化が総合的な進化度と見事に並行していることがわかります。この結果、突起が痕跡的で刺毛がないイランアゲハ属が最も原始的で、刺毛が1本のギフチョウ属、シリアアゲハ属、タイスアゲハ属は同程度に進化度が低いと考えられました。

1齢幼虫の刺毛の数と突起の構造から原始種の推定を試みましたが、これも絶対的ではありません。家系図からみて最も早く分岐したと思われるウラギンアゲハ（*Baronia*属）は多数の分岐した刺毛を持ち、逆にあらゆる形質が最も進化しているアオスジアゲハ（*Graphium*属）の突起構造は簡素化しているといった例外があるからです。それでは幼虫のもとになる卵の形態はどうでしょうか。これも五十嵐によると、アゲハチョウの卵は、1）表面平滑球形、2）表面粗面扁平形、3）表面付着物球形の3つに大別できます。2）はウスバアゲハ属に特徴的で、3）はジャコウアゲハ族とアゲハチョウ族のマネシアゲハ属に特徴的です。しかし、1）は残りのギフチョウ属からアゲハチョウ属、アオスジアゲハ属まで進化度が異なるすべての属を網羅しています。もともと卵の形態は3種類しかないのですから、これで進化度を推し測るのはとても無理でしょう。進化度を測るにはできるだけ多くの形質を比較することが必要なのです。

このように進化度のような多くの形質を総合した進化の尺度をDNAによって表すことは、現在はまだ不可能で

図5 アゲハチョウの１齢幼虫の突起と刺毛の進化

１齢幼虫の背に生えている突起と刺毛を比較したもので、突起が痕跡程度の原始的なものから複雑な構造への変化が、チョウ全体の進化度とよく並行している。図は五十嵐邁《世界のアゲハチョウ》より改変。（イランアゲハの標本撮影は白岩康二郎）

す。しかし多くのチョウのゲノム情報が次々に解読され、多くの遺伝子システムの理解が進めば、近い将来、突起の形や刺毛を決める進化度を代表する遺伝子群が明らかになり、進化の歴史を定量的に再現することができるようになると期待しています。

4. 世界のアゲハチョウはどこで生まれ、どのように分布を広げたのか

五十嵐邁は前掲の著書の中で、自分の経験と、国内外の文献や報告をもとに、世界のアゲハチョウのほとんどの属について詳細な生息地の分布図を描いています。そのデータを使わせていただいて、分布図をDNAデータに基づいた分子系統樹に重ね合わせてアゲハチョウの発生と拡大の歴史を考察してみようと思います。

昆虫館にでも出かけなければお目にかかれないような外国産のアゲハチョウがどこにすんでいるのか、よほどのチョウマニアでなければ興味を持たないでしょう。しかし、世界中には実際に300種以上のアゲハチョウがすんでいるのです。しかも、DNAのデータによると、そのす

べては1種類の祖先種から派生した1つの大家族なのです。人類がアフリカの1人の女性から40億人もの大家族に発展したように、アゲハチョウももとをただせば1種類の祖先種にたどりつくことができるのです。しかも人類とは違って、チョウは種分化の結果、交雑してDNAを交換することがなくなった300種もの異なるアゲハチョウに進化しているのです。これだけ多様な種類が世界のどのような環境にすんでいるのか（分布）を知り、それらがどこで生まれどのように広がっていったのかを推測するのがこの節の目的です。読者も写真と図4の系統樹を見ながら、想像をふくらませてください。

分布を決めるのは幼虫の食べ物

チョウの分布を決定する要因はさまざまですが、幼虫の餌となる食草や食樹の分布が重要な役割を持っています。アゲハチョウの場合、成虫はほとんどが花の蜜をエネルギーと栄養源にしていますから、生息域に蜜源が存在することは必須条件ですが、花の好みは多少違っても多種類の植物が蜜源になりますから、分布の違いを決定するほどの要因にはならないでしょう。ところが、幼虫は偏食がはなはだしく、多くは特定の植物の仲間（科のレベル）を食べ、なかにはただ1種の植物しか食べない種があります。従ってアゲハチョウの分布は食草・食樹の分布によって限定されてしまうのです。図4の右側に幼虫の食草・食樹を記載しました。一見して族が異なると食草が異なることが見てとれるでしょう。

ウマノスズクサを食べはじめたアゲハの祖先種

DNAを調べると、アゲハチョウはガの1種との共通の祖先種から1億年前頃に分岐したことがわかっています。それが地球上のどこで、何を食べていたのかは、現生するアゲハチョウの分布と生態から想像するほかありません。現生するアゲハチョウの中で最も進化度の低いギフチョウ属やシリアアゲハ属の分布から、中央アジア大陸の草原に生息していたと思われるガの1種からウマノスズクサ科植物に食草転換を行ったものがアゲハチョウの祖先種になったのではないかと私は想像します。実際、アゲハチョウの祖先種に近いと思われるシリアアゲハがその可能性を語ってくれます。

五十嵐は1970年、イラク山岳地帯の高度800mの渓谷で、砂漠のような草地を飛ぶシリアアゲハに遭遇し、雌チョウが産卵する様子と、食草を摂食中の幼虫を多数観察することに成功しました。その食草はウマノスズクサ科の1種で、背丈が低いうえに直径4cmの大きく重たいラッパ状の花を付けているため、ゴロゴロと地面に転がっており、卵を探すには這いつくばらねばならなかったと記述しています。現在よく見かけるウマノスズクサ科植物の性質からは想像できないような場所に分布していたことに五十嵐はさぞ驚いたことでしょう。そして、K-Pg境界後、恐竜が全滅し、被子植物が繁栄をはじめ、原始哺乳類が出現した頃の砂漠や草原にウマノスズクサが繁茂し、アゲハチョウの祖先種が飛ぶ姿を想像したことでしょう。五十嵐が観察したときからほぼ40年後の今、この美しい景色が人間による紛争や開発によって失われていないかと心配です。アゲハチョウの祖先種の生息地を守りたいものです。

祖先種に近縁のギフチョウ族（2属5種）、ホソオチョウ族（4属8種）などは、東南アジアから朝鮮半島まで、ウマノスズクサ科の植物を食べ続けてそれぞれ狭い範囲に生息しています。その中の2種、ギフチョウとヒメギフチョウは日本列島に生息しており、黒と黄のマダラ模様からダンダラチョウともいわれて親しまれ、春の景色を彩っているのはうれしいことです。ギフチョウ属の日本列島での分布については次節で詳しく説明します。

ウマノスズクサ科を利用して鮮やかに多様化したジャコウアゲハ族

祖先種からさらに3回も分岐して新しい家系を作り続けてもなおウマノスズクサ科の味を忘れず、9属70種以上に繁栄している一族はジャコウアゲハ族です。この繁栄には食草の特性が関係しています。ウマノススグサ科は熱帯地域に多く、熱帯から温帯にかけて6属約600種が分布しています。前述のイラク山岳地帯の砂漠は例外的な種で、多くは森林や河川の周辺の温暖湿潤な気候に生育しています。種類が多いうえに生息地が森林や河川によって分断されていることが多いので、チョウは同属のなかでも好みを少しずつ変えてすみわけることができたのでしょう。

この属の1種ジャコウアゲハ（和名では属と種に同じ名前を使うことが多いので困ります）は、中国南部から台湾、朝鮮半島を経て日本列島まで分布を広げていますが、この属の多くの種は東南アジア、インドシナ半島、フィリピン、インドネシア、ニューギニアからオーストラリアまで熱帯モンスーンと熱帯雨林気候帯に分布しています。また、形態的には多様化が著しく、国際的に絶滅危惧種として保護されているトリバネアゲハ属を日本産

アゲハチョウ科の産卵行動
▲ヒメギフチョウ *Luehdorfia puziloi*（長野県）
▼ホソオチョウ *Sericinus montela*（埼玉県）

▲マドタイスアゲハ（スカシタイスアゲハ）*Zerynthia rumina*（フランス）
▼ジャコウアゲハ *Atrophaneura alcinous*（長野県）

のジャコウアゲハと比べると、同じ家系から派生したチョウだとはとても信じられないくらいです。

一見、広域に分布しているように見えますが、種ごとに見ると分布範囲は決して広くなく、多くの種は一定の狭い地域や特定の島の固有種になっています。これはウマノスズクサが森林帯の地面近くに生育するという分布様式に加えて、この属の成虫が大型なのに飛翔能力が低く生息範囲が限定されているという性質によると思われます。おそらく、白亜紀後期（8000万年前）から古第三紀始新世紀（約5000万年前）にかけてアジア大陸とオーストラリア大陸が連続していた頃に分布を広げ、その後大陸が分離し、大陸のカケラから多くの島々が形成された時期（約2000万年前）に島に隔離され種分化が進行したものと思われます。チョウの進化・多様化は5000万年を超える長い歴史を持っているため、現在の種の形成と分布は生息領域の地球の歴史（地史）と深くかかわっているのです。

詳しくは述べませんが、アメリカ大陸の中南部、メキシコからアルゼンチンまで、ジャコウアゲハ族の大家族が生息しています。ウマノスズクサという有毒な植物を食べ成虫になっても毒を貯蔵しているため毒チョウの性質があり、アゲハチョウばかりでなくタテハチョウなど多くの科のチョウの擬態モデル（次節参照）になっていることから、非常に古く、おそらく大陸が連続していた時代に東南アジア地域から食草とともに移住したものが大繁栄したものと思われます。

▲バチクレスタイマイ *Graphium bathycles*（ボルネオ）

▲デレッセルティマダラタイマイ *Graphium delesserti*　後ろはラマケウスマダラタイマイ *Graphium ramaceus*（マレーシア）

森林の樹木に進出したアオスジアゲハ族

第2の食草転換は、DNAデータによると、ウマノスズクサを食べはじめたアゲハの誕生後まもなく、バンレイシ科、モクレン科、クスノキ科を食樹とするアオスジアゲハ族の祖先種が現れ、現在まで8属63種以上に進化したことだとわかります。バンレイシ科とモクレン科は同じバンレイシ目に属し、植物の家系ではクスノキ科が属するクスノキ目、ウマノスズクサ科が属するコショウ目と近縁で、どれも被子植物誕生の初期に生まれた植物ですから、食草転換はスムースに起こったのでしょう。

ウマノスズクサ科からクスノキ科などへの転換は、地面に近く生え、チョウが探しにくい草性植物から、森林の中でも目立つ樹木へと食を変えたのですから、チョウの生活様式にとっては革命的な変化だったようです。産卵のために必然的に発達させた飛翔能力によって分布を広げ、熱帯地域を中心に熱帯モンスーン、熱帯雨林、温暖湿潤気候まで広く分布しています。なかでも日本で普通に見られるクスノキやタブノキを食樹とするアオスジアゲハ（これも種名が属名と同じです）は、北海道を除く日本列島から台湾、中国からインド全土、さらにインドシナ半島、フィリピン、インドネシア、ニューギニア諸島からオーストラリアまで、きわめて広域に分布しています。

この族では、オーストラリア大陸には固有種が存在しますが、ジャコウアゲハ属のように島嶼に固有な種は見られません。中南米には4000万年ほど前にアオスジアゲハ属と分岐した変わり種の一族（シロスジタイマイ属）が50種類も熱帯雨林にすみついていますが、発見できるのは水場に集まる雄チョウばかりで、雌チョウがわからないので幼虫やその食性も不明なのです。

寒さに適応して分布を広げたウスバアゲハ族

第3の食草転換による家系の分岐は、ギフチョウ属やタイスアゲハ属などの祖先種の枝から4000万年前に起こりました。ウマノスズクサ科からベンケイソウ科やケシ科を食べるアゲハチョウが生まれたのです。後で詳しく述べるように、食草転換が起こったとき、もとの食草と変化した食草との間には、一般的に家系的なつながりは見られません。植物は動くことができないので、周囲の植物や動物とのコミュニケーションはそれぞれの植物に特徴的な化学物質を用いて行っています。本来、昆虫が摂食することを忌避するために用意していた化合物が、逆にその植物を見つけるシグナルになることもあるのです。チョウは食草が出すシグナルを利用して産卵し、生まれた幼虫はシグナルを感知して摂食します。植物が作

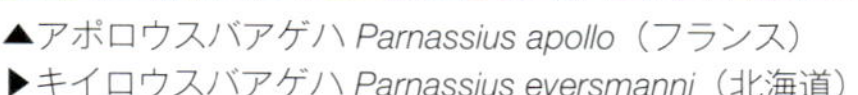

▲アポロウスバアゲハ *Parnassius apollo*（フランス）
▶キイロウスバアゲハ *Parnassius eversmanni*（北海道）

るシグナルとなる物質（一般に2次代謝物質といいます）は植物の個性ともいえるもので、系統進化とは無関係に作られたり変化したりします。従って進化的に遠縁のものでも類似のシグナルを出していることがよくあるのです。ウマノスズクサ科とケシ科にはたまたまアゲハの祖先種に産卵行動を起させる共通の化学物質が含まれていたのでしょう。

ウマノスズクサ科植物は熱帯から温帯にかけて分布していますが、転換したケシ科植物は温帯から亜寒帯にかけて、さらに高山にも広く分布しています。そのため食草を転換したアゲハチョウの種類は分布を北に広げるとともに低温に適応するように変化しました。この傾向は400万年前頃から始まった氷河期と間氷期の4万～10万年単位の繰り返しの中で、この種を他のアゲハチョウとは際立って異なる種に進化させました。ウスバアゲハ族と総称するアゲハチョウはその名の通り、半透明で白を基準にした清楚な衣に、あるものは淡い黄色の彩りを重ね、またあるものは後翅に血のような赤い模様をつけています。

ギリシャ神話の太陽神の名をとってアポロチョウと呼ばれるチョウは、古代ギリシャの人々にも愛されていたのでしょう。あの優れたギリシャの詩人ホメロスが赤貧の老人となりアレクサンダー青年の腕の中で死を迎え、幻覚の中でオデュッセイの詩句を詠っているとき、その口の中から生まれた1匹の白いチョウがアポロチョウだと語り伝えられています（シュナック《蝶の生活》岡田朝雄訳、岩波文庫、1993）。

アポロチョウは低温に対する適応も進化し、高山にすむ種類は零下20度を下回る厳冬を幼虫のまま2度も越えることができるのです。驚くのはその分布域の広さです。ヨーロッパ全土を含め、東西はスウェーデン、フィンランドを経てカザフスタンまで、南はウズベキスタン、トルコまで分布しています。また、北海道の大雪山系に生息し、天然記念物として保護されているキイロウスバアゲハは、モンゴルからシベリアを経てアラスカ、カナダの西部まで分布しているのです。日本での局地的な分布は1万年前、最後の氷河期が終わった後、温暖化が進んだときに、高山の一部に食草のコマクサとともに隔離されたのでしょう。隔離後の年数が少ないためまだ別種にはなっていないのです。一見、弱々しく見えるチョウですが、私が大雪山旭岳のコマクサ平で観察したとき、朝8時、夏とはいえ10度以下の寒さの中を風に乗って飛翔するキイロウスバアゲハの姿には、近くの岩陰をひっそり移動している高山チョウのダイセツタカネヒカゲとは比較にならない力強さを感じました。ウスバアゲハ属は4000万年の歴史を経て30種ほどの家系となり、なかにはウスバア

▲ヘンルーダ（ミカン科）にいたカラスアゲハ *Papilio macilentus* の3齢幼虫（長野県）
◀シシウドに産卵するキアゲハ *Papilio machaon*（長野県）

▲イヌザンショウに産卵するナミアゲハ *Papilio xuthus*（夏型）
◀ミカン科の植物に産卵するナガサキアゲハ *Papilio memnon*（マレーシア）

ゲハ（このチョウの和名も属名と同じ）のように北海道南部から本州、中国東部までの温暖湿潤気候に分布する種類もいるのです。

ミカン科植物に活路を求めて

4500万年前から2000万年くらいの間に第3の食草、ミカン科を主食とする3つの家系が次々と分岐していますが、面白いことに、その祖先種は6000万年前にウマノスズクサ派のジャコウアゲハ族から分かれたものなのです。おそらくそのときにミカン科植物に食性転換をしたものと思われますが、現在に連なる家系が2000万年間も生まれなかったのは不思議なことです。途中で絶滅したような家系があるのかもしれません。枝分かれをして現在に至る属は、現れた順にトアスアゲハ属、マネシアゲハ属、アゲハチョウ属で、それぞれ個性的な進化の足跡を示しています。

トアスアゲハ属は10種を超える家系で、4000万年前頃に新大陸に移住したものらしく、現在はアメリカ南部からアルゼンチンまで中南米に広く分布しています。ミカン科を食べる種もありますが、コショウ科など他の植物を好むものもいます。

次に現れたマネシアゲハ属は10種以上の比較的大きな家系で、普段見慣れているアゲハチョウとはとても思えないさまざまな色と形をした1群のチョウで、なかには遠縁のマダラチョウ科に似ているものもあり、後で述べるように擬態種として有名な仲間です。その分布は比較的狭く、アゲハチョウの発生地域である熱帯の国々と周辺の島々などの熱帯雨林と熱帯モンスーン気候に生息し、なかにはブーゲンビル島やニューギニア島、ワイゲオ島の固有種も知られています。ところがその一部にはベニモンマネシアゲハのように他の種から分断され、アメリカ南部からメキシコ半島全域を経てブラジルまでの広域に分布しているものもあり、アメリカ大陸がユーラシア大陸から分離する6500万年前から4000万年前の間に移り住んだものが分離し隔離されたと思われます。マネシアゲハ属の大半はクスノキ科を食樹とし、ミカン科を食樹とするのはカザリアゲハなど一部に限られています。ミカン科植物への食性転換はクスノキ科を経て起こったのかもしれません。

生物多様化のモデルとなったカラスアゲハ亜属

次に枝分かれしたシロオビアゲハ亜属とカラスアゲハ亜属などは、そのすべての食草がミカン科植物に特化しており、日本でもお馴染みのクロアゲハ、カラスアゲハ、モンキアゲハで代表される黒色系統の典型的なアゲハチョウです。黒を基調としているものの色調は緑から青に輝き、斑紋は白、黄色、赤と多彩です。100種を超えるグループを1つの属とするには違いが大きすぎるので、五十嵐は2つの亜属に、白岩は約30群に分類しています。その分布域は、亜寒帯湿潤気候には少ないものの、温暖湿潤気候、サバンナ気候、熱帯モンスーン気候、熱帯雨林気候など、主として北回帰線から南の全世界に広がっています。

食草が1つの科の植物に特化したアゲハチョウが100種にも種分化・多様化したのは不思議ですが、それには生息地の地理学的な変化が深くかかわっていることがわかってきました。食樹のミカン科は種類が多く、歴史的にはアゲハチョウより古いので、チョウが発生した熱帯地域ではどの場所でもチョウを受け入れる準備が整っていたと考えられます。ところが、その生息地は後述するように、チョウが発生してから2000万年の間に激しく変化し、土地が分断されたことで、すみわけによるチョウの種分化を推進したのです。

五十嵐の分類によると、アゲハチョウ属のシロオビアゲハ亜属はクロアゲハに代表されるように色彩は黒1色で、万葉の時代には死を象徴する不吉なものとして忌み嫌われていたようです。実際、黒地に黄色の大きい紋を付けたモンキアゲハに薄暗い墓場で出くわすと、人魂を見たようでドキッとさせられたものです。一方、カラスアゲハ亜属は、日本でよく見かける普通種のカラスアゲハでも光が当たると黒の背景に青から紫色の輝きが現れ、さらにミヤマカラスアゲハはそのうえに緑色が加わって、一見して忘れられない美しいチョウです。さらに、熱帯地方には、クジャクアゲハやルリモンアゲハという和名がよく似合う緑や青の紋や帯が太く多くなったとても華麗な種が満ち満ちており、前述の日本の2種も地味に見えるほどなのです。カラスアゲハ亜属の翅の色はそれぞれの色素を含む鱗粉の色と、モルフォチョウのような構造色（鱗粉の基底膜が形成する格子や球体のような立体構造によって光が屈折干渉して作られる色彩）とが融合した独特の美しい色です。

▲ミヤマカラスアゲハ *Papilio maackii*（北海道）

このような美しさに魅了されて、古くから愛好家によって生息地の分布が詳しく調べられていましたが、近年、この亜属の分布と、インドシナからフィリピン、インドネシア、パプアニューギニアを経て北部オーストラリアまでの熱帯地域の地理学的な変遷との比較研究が進み、生物進化のモデルとして貴重な材料と考えられるようになりました。その集大成ともいえる論文がフランス、タイ、カナダの研究者によって2013年に発表されました（原著論文5）。

研究者たちはこの亜属の生息地を網羅するように27種134個体を収集し、詳細なDNA解析を行いました。134個体の中には日本産の7個体（3種のカラスアゲハ6個体とミヤマカラスアゲハ1個体）が含まれています。この解析から20種の詳細な家系図が明らかになり、種間の関係性と祖先種からの分岐の時期が明らかになりました。予想通り、20種は他の亜属から約2000万年前に分離した1つの独立家系でした。その後、1900万年前に家系1が、1600万年前に家系2が、1200万年前に家系3が、最後に1100万年前に家系4が次々と分離しました。その後の1000万年の間に、家系1からは2種、家系2からは1種、家系3からは7種、家系4からは10種が生まれ、合わせて4家系20種にまで発展したのです。

図6 カラスアゲハの仲間の進化と分布

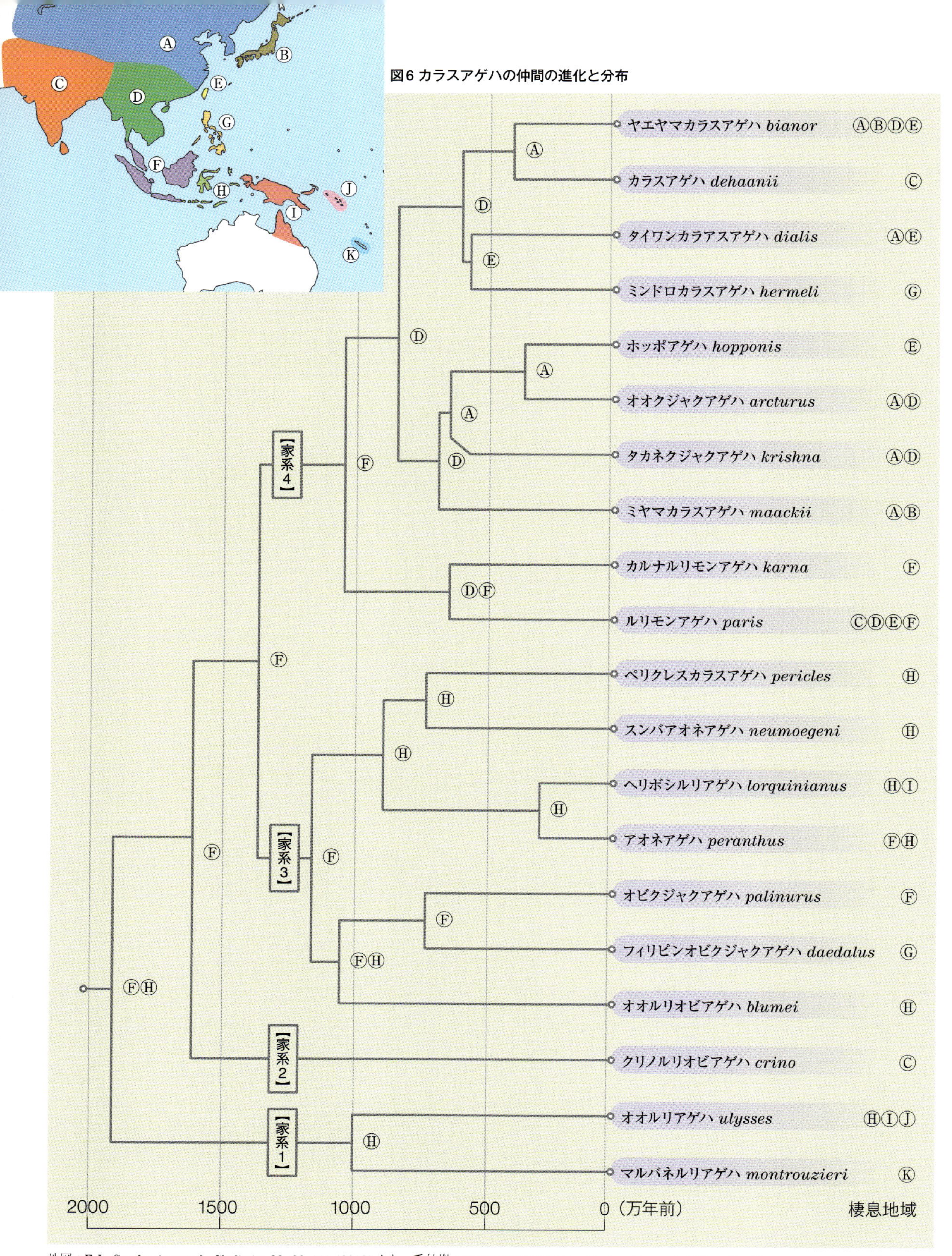

地図：F. L. Condamine et al., Cladistics 29, 88-111 (2013) より。系統樹：Fine-scale biogeographical and temporal Diversification process of peacock swallowtails (Papilio subgenus Achillides) in the Indo-Australian Archipelago を一部改変。

▲カルナルリモンアゲハ *Papilio karna*（インドネシア）
▼クリノルリオビアゲハ（ホソオビクジャクアゲハ）*Papilio crino*（スリランカ）

▲オビクジャクアゲハ（ルリオビアゲハ）*Papilio palinurus*（マレーシア）
▼オオルリアゲハ *Papilio ulysses*（オーストラリア）

日本列島からオーストラリアまでの地図を開いて、主な種類とその分布を見てみましょう（図6）。家系1はパプアニューギニア、ソロモン諸島、北オーストラリアに分布するオオルリアゲハ（*Papilio ulysses*）などの2種。家系2はインドとスリランカに分布するクリノルリオビアゲハ（*P. crino*）1種のみ。家系3はスラウェシ島固有のオオルリオビアゲハ（*P. blumei*）、フィリピン諸島のフィリピンオビクジャクアゲハ（*P. daedalus*）、マルク諸島のヘリボシルリアゲハ（*P. lorquinianus*）、マレーシア、インドネシアに分布するオビクジャクアゲハ（*P. palinurus*）、スンバ島に局在するスンバアオネアゲハ（*P. neumoegeni*）、ジャワ島とスラウェシ島のみに分布するアオネアゲハ（*P. peranthus*）など7種、どれもルリ色の縦の帯が前後翅に広がった美麗種揃い。家系4はスマトラ島から北へマレーシア、タイ、インドシナ半島、インド、中国南部から台湾まで広域に分布するルリモンアゲハ（*P. paris*）、中国南東部、台湾から朝鮮半島を経て日本列島からカラフトまで生息するカラスアゲハ（*P. dehaanii*）、カラスアゲハと分布域が重なるミヤマカラスアゲハ（*P. maackii*）のように北方に分布を広げたもののほか、タカネクジャクアゲハ（*P. krishna*）はネパールの高原に、ホッポアゲハ（*P. hopponis*）は台湾にというように特定地域に局在するものなど10種です。

一見しただけで、家系ごとに生息域が異なっていることがわかります。研究者はカラスアゲハ亜属全種が分布する地域を生物地理的に11の領域（A中国、B日本列島、Cインド、Dインドシナ半島、E台湾、Fマレー半島からインドネシア、Gフィリピン、Hスラウェシ/マルク/ティモール諸島、Iニューギニア島とオーストラリア北端、Jソロモン島、Kニューカレドニア島）に分け、それぞれの種にAからKまでの番地付けを行いました。次に系統図と重ね合わせて、直近の祖先種の番地を推定します。この作業を系統を遡りながら繰り返していって、最後にはカラスアゲハ亜属全体の祖先種が生息していた地域をF

▲タイワンカラスアゲハ *Papilio dialis*（ラオス）
▼カラスアゲハ *Papilio dehaanii*（左）とミヤマカラスアゲハ *Papilio maackii*（長野県）

とHの2地域に限定することができました。

現在は島ばかりのこの2つの地域は、祖先種がすんでいた2000万年前はスンダランドと呼ばれるユーラシア大陸から南東に突き出た大きな半島の一部だったのです。その後、この地域は激しい地殻変動と火山活動によって分断や結合が繰り返され、現在のような多島地域が形成されました。スンダランドにすんでいたアゲハチョウは生息地が分断され、それにともなって現在見るようなすみわけによる異所的な種分化・多様化が起こったのです。

これを家系ごとにたどってみましょう。地理学的に領域Fはスンダランド、また領域Hは博物学者ウォーレスにちなんでウォーレシアと呼ばれています。

家系1のオオルリアゲハが最初に他の家系から分離した時期は2000万年前、スンダランドの一部が分離しウォーレス域を形成、その間に深い海峡が現れた時期に一致しています。スンダランドからいち早くウォーレシアにすみついた種が、次の1000万年の間に南方のオーストラリア域の熱帯諸島に移住し多様化したというストーリーです。一方、家系2の孤独なクリノルリオビアゲハはスンダランドにとどまり、現在のインドに定着したようです。家系3はウォーレス域にすみついてこの地域が激しい火山活動によって多数の島嶼に分離されたときにすみわけが起こり、多様化したと考えられます。最後に生まれた家系4はスンダランドから北方に移住しながら種分化を重ねたと考えられます。1000万年未満の短期間に10種にも多様化できたのは、地域が広大で複雑であるうえに多様な気候環境が地域的なすみわけを可能にし、種分化を後押ししたものと考えられます。

このように、カラスアゲハ亜属についてDNAによる詳細な家系図作りと生息地の地理学的研究が結びついて、アゲハチョウの進化と多様化の謎を詳細に解くことに成功しました。前に述べたように、ジャコウアゲハ族もカラスアゲハ亜属とよく似た分布をしていますから、同じような詳細な家系図作りができれば、大家族の進化の歴史がわかってくるものと期待されます。

セリ科への転換が大発展をもたらした

ミカン科植物に活路を見出したアゲハチョウの中に、黄色系統の祖先種がいました。これはのちにセリ科植物を食べるようになる種類へと袂を分かちました。3500万年ほど前に起こったこの食草転換は、キアゲハ亜属とい

図7 キアゲハとナミアゲハの分布域の比較

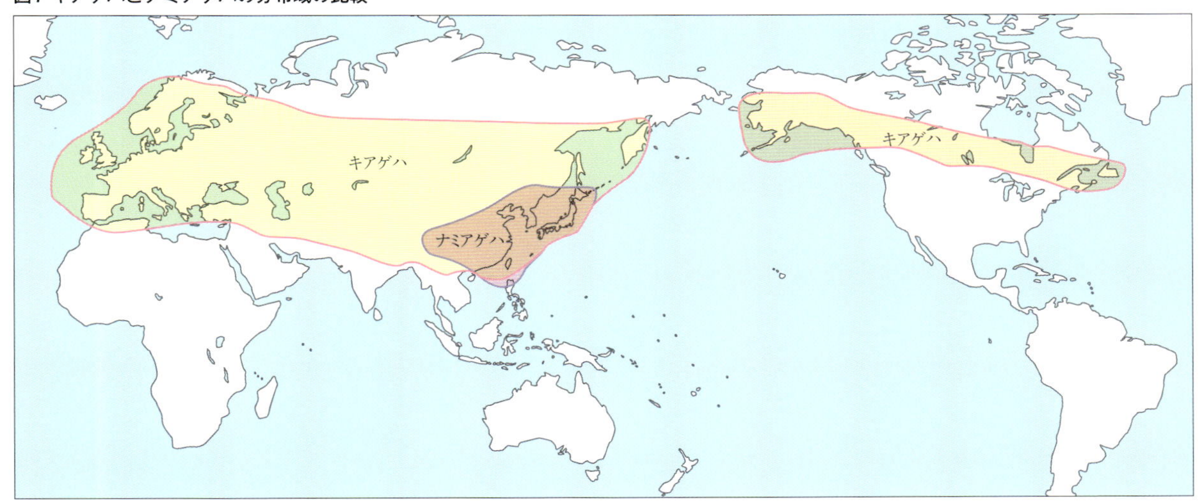

▲黄色で示したキアゲハ*Papilio machaon*の広範な分布と、オレンジ色で示したナミアゲハ*Papilio xuthus*の狭い分布を比較してほしい（五十嵐邁《世界のアゲハチョウ》より改作）。

▲ヨーロッパキアゲハ *Papilio machaon*（フランス）
▼トラフアゲハ *Papilio glaucus*（ニューヨーク）

う家系を生むことになるアゲハチョウでは最後の重要な転換でした。ミカン科植物にとどまったものはその後ほとんど種分化をせず、現在、日本で最も馴染みの深いナミアゲハとルソン島固有のルソンアゲハの2種が知られているだけです。

一方のキアゲハ亜属は種分化を重ねて、8種以上の家系に発展しています。ナミアゲハが日本列島から西は朝鮮半島を経てミャンマーまで、南は台湾からフィリピン諸島の北部の島までと、アジアの亜寒帯湿潤、温暖湿潤、熱帯モンスーン気候にとどまっているのに対して、キアゲハ亜属の中で日本各地に普通に見られるキアゲハは、西はモロッコ北部からイギリスを含むヨーロッパ地方、北はノルウェー、フィンランドまで、東はカムチャツカを経てアラスカ、カナダ、アメリカ北部まで、南は台湾、インド北部からイラン、イラクまでと、地球の北半球全域に分布し、高度2000mクラスの高山まで、熱帯気候を除くあらゆる気候に順応しています（図7）。

これほど広域に分布すると、飛翔能力に優れたチョウといえども地域的な隔離が起こり、形態が異なる亜種が40種類も確認されています。亜種は種の下位にある分類で、人為的には交雑が可能だが自然では地理的な隔離が進んで形態的にも明らかな違いがあるものについて定義されているものです。DNA的にも地域的に固有の変異が起こっており、〈遺伝的多型〉と呼ばれています。亜種は将来、別の種に変化する可能性を秘めていると考えてよいでしょう。進化は現在も常に起こっているのです。ちなみに分布域の狭いナミアゲハの亜種は2種だけが知られています。キアゲハ亜属の特徴は、ヨーロッパ大陸やアジア大陸より新大陸のカナダ、アメリカで多くの種が生まれていることです。大陸の分離形成とそのときの気候、およびそれに適応した植物の分布が影響したと考えられます。

現生のセリ科植物は400属3700種で、ミカン科植物の150属900種より多く、その分布域は広いと思われます。ミカン科という母蝶にとって発見しやすい食樹からセリ科という見つけにくい食草に転換したことは分布の拡大にとっては不利であるように思われますが、食草の連続的な分布域の広さが種分化に、より有効に働いたのでしょう。セリ科は近縁のキク科、マツムシソウ科とともに最も新しく進化した植物です。これらの植物の進化と分布の拡大とともにキアゲハ亜属が共進化した様子が目に見えるようです。

まとめ

まだいくつかの属の分布については残っていますが、世界のアゲハチョウの大部分を網羅することができたので、もう一度全体を眺めてみたいと思います。

アゲハチョウはアジア大陸の中・東部で、ガの1種との共通祖先の中からウマノスズクサ科に食草を転換した1つの種から誕生し、その後4回の食性転換を繰り返しながら、6000万年前から3000万年前頃にかけて主要な6族が生まれ、アジアの熱帯地域を主舞台として温帯から亜寒帯まで、当時は陸続きであったヨーロッパ大陸からアメリカ大陸まで分布を広げました。いったん分布を広げたのち、それぞれの地で環境の変化に順応しながら多数の属と種を分化し、多様なアゲハチョウの世界を作り上げたのです。

種の分化と多様化には食草や食樹が重要な役割をしています。ウマノスズクサ科植物はギフチョウ属など少数の祖先種と熱帯地方に版図を広げ、多くの属と種を含むジャコウアゲハ族を育てました。一方、モクレン科やクスノキ科は樹木の特性を生かしてチョウに強い飛翔力と広い分布域を与え、アゲハチョウの中で最も高い進化レベルを示すアオスジアゲハ族を育てました。また、亜寒帯や高山に分布するケシ科植物は耐寒性のウスバアゲハ属を進化させ、ヨーロッパからアメリカ大陸まで驚くほど広域に分布を広げることに成功しました。時代が下り4000万年前頃に食樹となったミカン科は、クスノキ科と同様に熱帯から温帯にかけて広く分布するアゲハチョウ族を育てていますが、アオスジアゲハ族に比べると分岐からの年数が少ないためか進化度はそれほど高くないのです。アゲハチョウ進化の最後の食草選択に選ばれたセリ科植物は、キアゲハ亜属が比較的北方に分布を広げることに役立っています。

チョウの分布にとって食草に次いで重要なのが地球の地理学的な歴史と温度の変化です。アゲハチョウが生まれ育ち、盛んに家系を広げた頃は、地球の歴史の中では大陸の形成が最終段階に入ったときで、古代の巨大な大陸が分離、移動、衝突を繰り返しており、火山活動や造山運動も活発な時期でした。大陸から分離したカケラから多くの島々が生まれ地理的隔離を起こしました。最近の論文で、巨大な隕石の衝突によって生物の大量絶滅が起こったK－Pg境界がチョウの進化に及ぼした影響が初めて論じられました。アゲハチョウの祖先が誕生した頃の気温は現在より10～15度高かったと推定されています。一方、400万年前頃から始まった新生代氷河期は、寒冷地の分布に大きな影響を与えました。このようなさまざまな環境の変化にもてあそばれ、順応しながら現在のチョウの分布ができあがったのです。アゲハチョウのどの1つをとっても、そのチョウが歩んできた数千万年の歴史を物語っていることを読み取らねばならないと思います。

5. 日本のアゲハチョウと日本列島の成立

北海道から南西諸島まで連なる日本列島には19種のアゲハチョウが生息しています（図2参照）。これを分類すると、ギフチョウ族が2種、ホソオチョウ族が1種、ウスバアゲハ族が3種、ジャコウアゲハ族が2種、アオスジアゲハ族が2種、アゲハチョウ族のうちキアゲハ亜属が2種、そしてアゲハチョウ族の黒色系が7種です。これまで見てきた世界のアゲハチョウ300種余りの分布と比べると、残念ながらとても少なく、日本のアゲハチョウで世界を語ることがいかに難しいかを痛感します。それでも祖先種に近いギフチョウ属をはじめ、ウスバアゲハ族のキイロウスバアゲハ、アオスジアゲハ族のアオスジアゲハ、ジャコウアゲハ族のジャコウアゲハ、アゲハチョウ族のナミアゲハ、キアゲハ、クロアゲハ、カラスアゲハ、モンキアゲハ、シロオビアゲハなど、すべての族と家系の主な種が揃っているのは幸いなことです。ただ、日本列島は南北に連なっていながら、熱帯モンスーンや熱帯雨林気候はないので、熱帯性気候に生息するマネシアゲハのようなユニークなアゲハチョウにじかに接することができないのは残念なことです。

日本産のアゲハチョウで日本に固有な種はギフチョウとカラスアゲハの2種のみで、他の17種はすべて東アジアと東南アジアに広く分布する原種の亜種に過ぎないのです。これは同じ島嶼群である台湾から南の地域の島々

▲カラタチに産卵するナミアゲハ *Papilio xuthus*（長野県）

▲ウスバアゲハ *Parnassius citrinarius*（長野県）

とは対照的です。このような日本産アゲハチョウの分布様式は、日本列島の形成過程と深くかかわっています。

日本列島の形成

日本列島の形成は世界の地史から見るとごく最近に起こった出来事なのです。2500万年前まで、日本の大部分はユーラシア大陸の東端に含まれていました。2300万年前に地殻変動が生じ、大陸の東端が裂けて北に位置する部分は反時計回りに、南に位置する部分は時計回りに、扉がゆっくり開くように移動して、約1000万年かけて2つの陸のカケラが生まれました。その後、1600万年前から500万年前の間に北東側に作られたカケラは多くの小島に分断・融合を繰り返す多島時代を経験します。多島が再び1つになり、東北日本と西南日本の間にあった浅瀬がプレート移動にともなう堆積物や火山の噴出物で埋め立てられ、列島の原型が作られたのは約500万年前のことです。この最後の埋め立て現象によって形成された地層はフォッサマグナと呼ばれ、その痕跡は糸魚川-静岡構造線、新発田-小出構造線、柏崎-千葉構造線として残されています。これらの構造線を挟んで日本本土は地層的に異なる2つの地域に分かれており、生物相の形成にも大きく影響しています。その後、400万年前頃から現在まで続いている氷期-間氷期のサイクルが繰り返される間、大陸との間や樺太-北海道-本州などの間に陸橋の形成がしばしば起こり、それは最後の氷期が終わる数万年前まで続いていたと思われます。一方、南西諸島が大陸から分離し原型が形成されたのは、比較的正確に155万年前頃と推定されています。

このように若い島嶼である日本列島ですから、飛翔能力のあるアゲハチョウにとっては、最近まで大陸と陸続きであったと考えられるでしょう。だから固有種が少ないのですが、そのなかでも日本列島の中で独特の分布をしているアゲハチョウを紹介しましょう。

ギフチョウとヒメギフチョウ

サクラ前線の移動と一致するかのように、羽化の時期が西日本から東へ北へと移っていく春を告げるギフチョウの分布は、東は東京都の高尾山、北は秋田県南部で終わりを告げ、そこからは境を接するようにヒメギフチョウに受け継がれ、北上を続けて北海道全域に広がります。この近縁の2種は異なる食草を食べて見事にすみわけをしているのです。最近までヒメギフチョウは、ウマノスズクサ科のカンアオイを唯一の食草とするギフチョウから、近縁のウスバサイシンに食草を転換した結果、種分化したものと考えられていました。両種が境を接する地域では自然に交雑した雑種様のチョウが観察されるという噂もその考えを支持していたようです。しかし最近のミトコンドリア遺伝子DNAの解析によって、両者は500万年前

図8 ギフチョウ属4種の系統関係

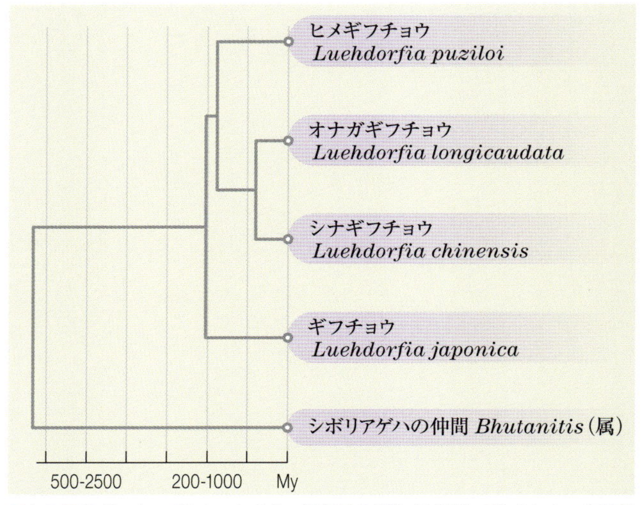

日本の研究者によってミトコンドリア遺伝子の構造を比較して作られた。塩基配列の違いを進化年に換算した。ギフチョウの祖先種は近縁のシリアアゲハとは3500万年前に分岐している。
伊藤建夫、東城幸治《昆虫の不思議な世界》（悠書館、2015年）より。

▲ヒメギフチョウ *Luehdorfia puziloi*（長野県）

くらいに大陸で種分化していたことがわかり、日本での種分化説は完全に否定されました。

ギフチョウ属にはギフチョウ、シナギフチョウ、オナガギフチョウ、ヒメギフチョウのよく似た4種があって、世界に分布しています。この4種のDNAを比較した結果、近縁のシリアアゲハとの共通祖先種から最初に分岐したのはギフチョウで、その後、シナギフチョウとオナガギフチョウの祖先種とヒメギフチョウが生まれたというのです（図8）。東城幸治と伊藤建夫（《昆虫の不思議な世界》悠書館、2015）によると、ミトコンドリア遺伝子の進化速度は、昆虫の平均的な速度とマイマイカブリのような速度が遅い種では5倍もの違いがあるといいます。遺伝子変異速度は、それぞれの種の1世代の時間と配偶子（卵と精子）の数によって種ごとに異なるからです。ギフチョウとシナギフチョウの比較から求められる両者の分岐年は200万年前と1000万年前の開きがあるのですが、ギフチョウ自身の進化速度は不明なので、ここでは間を取って500万年前くらいと推定しました。

面白いことにギフチョウ属の祖先種から最初に生まれたギフチョウは日本列島の固有種となり、次に生まれたシナギフチョウとオナガギフチョウは中国東部に局在し、最後に生まれたヒメギフチョウは朝鮮半島を南限として本州北部と北海道から中国東北・ロシアまで広く分布しています。不思議なことにロシア沿岸と境を接するサハリンには生息していません。

このようなギフチョウ属4種の分布はどのように形成されたのでしょう。日本列島のアゲハチョウは大陸に分布していたものが、大陸から分離したカケラに乗って移ってきたものと、列島形成の過程に存在した一時的な陸橋を通って移住したものがあると考えられます。一般に西からの移動は最初の大陸からの分離にともなって起こったものが多く、1000万年前頃の古い移住者であり、北からの移動は陸橋を使って数万年前まで大陸と交流を続けていたものと考えてよいでしょう。南西諸島への移住者はいちばんはっきりしていて、島嶼が形成された150万年前頃といわれています。

このように考えると、祖先種に最も近いギフチョウは、シナギフチョウなどに種分化する前に西からの古い移住者の1つとして日本の西南部に移住したもので、その後、大陸のギフチョウが種分化した後、何らかの事情、おそらく食草の枯渇などで消滅してしまい、日本列島に移ったものが原種として残ったと考えられます。一方、ヒメギフチョウは北からの移住者で、最近まで大陸の種と交流があったため固有種としての種分化には達していないのでしょう。しかし氷河期の終結から少なくとも1万年は経過していますから地域的な隔離は進行していて、本州亜種、北海道亜種、ロシア亜種、朝鮮亜種、中国亜種など少なくとも5つの亜種（多型）が知られています。最近のDNA研究では、ギフチョウは移動距離が少ないうえに、食草のカンアオイの地域変異が大きいため、日本国内で

▲キイロウスバアゲハ *Parnassius eversmanni*（北海道）

▼ギフチョウ *Luehdorfia japonica*（兵庫県）

もいくつかのDNA多型が存在することが知られています。

天然記念物のキイロウスバアゲハ

世界の分布はヒメギフチョウに似ているが、日本での分布は極端に局在化しているのがキイロウスバアゲハです。北海道大雪山群の標高1700m以上の高山帯に生息するこの希少種は、ケシ科植物のコマクサを唯一の食草とし、最初の年は7月頃に産み付けられた卵のままで越年し、次の年は蛹まで成長して越冬、3年目の6月に羽化するという高山チョウに特徴的なライフサイクルを持っています。全体に半透明で淡黄色の翅を持ち、後翅には2－3個の赤い紋を付けた美しいアゲハチョウで、国の天然記念物に指定されています。あたかも日本の固有種のようで、貴重なチョウだと思えるのですが、前に述べたように、このチョウはケシ科に食性を転換したことによって北方系のチョウとして大発展したウスバアゲハ族の1種で、モンゴルからシベリアを経てベーリング海を越え、アラスカからカナダ西部まで広域に分布する普通種なのです。これも北方からの移住者の1つで、いつ北海道に移ってきたのかは不明ですが、氷河期の間は大陸と交流があり、間氷期に入って高山に隔離されたものと思われます。隔離されてからの期間が短いので種分化には至っていませんが、世界には実に13の亜種が存在し、日本のものはその1つとして、大雪山の名を付けて*Parnassius eversmanni daisetsuzanus*という亜種名を持っています。

◀▲ヤエヤマカラスアゲハ *Papilio bianor*の雄（左）と雌（石垣島）

▲オキナワカラスアゲハ *Papilio okinawensis*（沖縄島）

南西諸島に隔離され種分化したカラスアゲハ

沖縄諸島、八重山諸島などの南西諸島は比較的古く、155万年前に大陸から分離して島嶼化したと考えられるので、それぞれの島に固有化した種が生息すると期待されます。ところが、南西諸島に生息する11種類のうち種分化が認められているのはカラスアゲハ1種のみなのです。東城幸治と伊藤建夫（前掲書）らによると、最近のDNA解析と交配実験の結果、世界のカラスアゲハは4種に分化していることが判明しました。(1) はサハリン、日本列島各地、朝鮮半島、トカラ列島、八丈島、御蔵島に広く分布する通称カラスアゲハ、(2) は八重山諸島のヤエヤマカラスアゲハ、(3) は奄美沖縄諸島のオキナワカラスアゲハ、そして (4) は中国・台湾諸島に生息するタカサゴカラスアゲハです。これらが種分化を起こした時期はちょうど島嶼が形成された155万年前と一致しているので、(2) と (3) は島によって隔離されたのちに種分化したものでしょう。(1) は北方系で、いったん分離後も氷河期に形成された陸橋によって交流があったために分布は広くてもグループ内では未分化であり、(4) はたぶん中国産の原種で、島に移ってから500万年間も隔離されているはずの台湾産がなぜ種分化していないのかはミステリーです。

日本のアゲハチョウは大陸のアゲハの亜種群

その他の日本産のアゲハチョウは、すべて大陸に生息する原種の亜種です。原種の多くは熱帯地方に分布するものですから、これらが日本列島にいつ、どのルートで移住してきたのかをたどるのは難しい課題です。

たとえば、ジャコウアゲハ族は世界には70種以上が知られていますが、日本に移住しているのはわずかに2種で、そのうちの1種、ベニモンアゲハは八重山諸島にのみ分布するもので、南方系の移住と考えられます。ところがもう1種のジャコウアゲハは、北海道を除く日本列島のほか朝鮮半島から中国南部と台湾に分布しており、西方からの移住だと考えられます。これらは7つの亜種に分かれていますが、種分化は起こっていません。このことは、大陸から西ルートによって移住した種も、最近まで何らかの方法で大陸の種と交流していたことを示しており、日本列島のアゲハチョウは全体として、大陸に分布する原種から隔離による種分化がまだ起こってないことを改めて教えてくれます。しかし、カラスアゲハの例に見られるように、亜種間のDNA解析と交配実験が進めば、現在形態を見て亜種と考えられているものの中からもっと種分化が進んでいると判明するものが増えるのではないかと思われます。繰り返しますが、亜種は種分化の兆しなのです。

▶次頁　ミヤマカラスアゲハ *Papilio maackii*（長野県）

第2章
生き残るための知恵

1. 個よりも種を守る

地球上の多くの生物は、生きるために食料を他者に依存しています。いうまでもなく植物は食虫植物やヤドリギのような例外をのぞいて、他に依存しない独立栄養生物です。三十数億年前、地球上に光合成をするバクテリア（シアノバクテリアのような光合成細菌）が生まれたとき、多様な生物を育むことができる惑星が誕生したのです。やがて光合成をする多細胞の藻類が生まれ、陸上に移動し、裸子植物と被子植物が進化して豊かな地球環境ができあがりました。次に海水の中で植物を食べる能力を獲得した原生動物の出現によって生物相は一挙に拡大し、なかには動物を摂食する種類も生まれるのです。やがて陸上に進出した動物は植物の進化とともに多様化し、植物と動物、動物同士の間に、絶えずダイナミックに変化する食物連鎖が形成されました。数億年前に誕生し大繁栄を謳歌している昆虫は、大量の植物を消費する動物で、かつ動物性資源として食物連鎖の重要な役割を担っているのです。

食物をめぐる生物進化を生存競争あるいは自然淘汰による進化といいますが、ほんとうに生物は生きるために争いを繰り返しているのでしょうか。それは人間が自らをモデルとして擬人的に表現しているように思えてなりません。弱肉強食という表現も誤解を生んでいるように思います。生存競争と弱肉強食はどちらも個を対象に考えているからです。人間にとって（特に現代人は）個が何よりも大切であり、すべての価値の出発点です。ところが植物や動物にとって重要なのは生物種であり、個は種の存続のためには犠牲になってもよいものなのです。

食物連鎖の頂点で生態系のトップを占めている“強い”肉食動物を見てみましょう。ワシやライオンはその代表格でしょう。彼らはほんとうに競争に勝ったといえるでしょうか。彼らは容易には得難い食料に依存しているため子育ては容易ではなく、従って個体数は限定されており、いつ絶滅危惧種になってもおかしくないという、種としては弱い存在で、数万頭の群れを作るバイソンと比べればその違いは明らかでしょう。地球環境が変化し、依存する植物が変化すれば、現在のような大量の個体数を維持することは困難になるかもしれませんが、バイソンが減少すれば、それに依存する上位のライオンはさらに危険なのです。

食物連鎖の下位にあって、植物を食料源にする動物はバイソンやシカの仲間のように個体数を増やすという戦略や、象やキリンのように巨大化する戦略をとっています。種の維持・多様化にとってどちらが優位な戦略かは進化の歴史を見れば明らかです。生物進化にとって、その原動力は食うか食われるかの争いではなく、いかに食われるか、食われないかの戦略だといえるでしょう。

昆虫の戦略

話を昆虫に戻しましょう。昆虫の中にはカマキリやオサムシのように肉食で、昆虫の仲間では食物連鎖の上位にいるものがいますが、それでも動物界の中では食われる立場にあります。この2種類の昆虫は違った戦略をとっています。カマキリは幼生時代には多くの捕食者に食われやすいので、それを計算して大量の卵を産みます。初夏に“お麩”のような卵からミニアチュアのようなカマキリが一斉に孵化する様子は感動的ですが、その大部分は他の生き物の餌になる運命にあるのです。一方、オサムシの幼虫は地中で孵化し、黒色で目立つことなく地面を歩きまわっているので餌食になりにくく、親が産む卵は生まれてすぐミミズなどを攻撃できるよう大型で、1回に産む数は十数個に限られています。

アゲハチョウ幼生の戦略

さて、われらがアゲハチョウは植食性で、食物連鎖では最下位に位置していますから、種の維持のために獲得した主な戦略は〈多産〉です。雌チョウの多くは1度しか交尾しません。卵巣に蓄えられた卵は産卵管を通って精子を貯蔵している精嚢を通過するたびに受精し、食草に産み付けられます。種類によって産卵数は異なりますが、数十から数百個だと思われます。

《ギフチョウ・ヒメギフチョウ》（講談社、1974）と題す

▲産卵するキアゲハ *Papilio machaon*（長野県）

る素晴らしい書物を出版した田淵行男は、27年間に飼育したギフチョウの中で羽化に失敗し翅を伸ばすことができなかった雌チョウ143個体の卵巣を調べ、卵数は22〜98個で、平均42.3個だったと報告しています。外敵の餌食になりやすいのは卵から若齢の幼虫の時期で、田淵の野外観察によると産卵から一夜にして十数個の卵塊が何者かによって消えてしまった例も少なくないようです。彼の永年の注意深い観察でも実際に捕食の現場に出会うことはないのですが、捕食者はダニ、アリ、ハサミムシ、ハチ、クモなどが考えられます。また蛹はモグラやネズミの餌になるようです。このように他の生物の生存を助けた結果、1年後に羽化に至るのは5%に満たないでしょう。

ギフチョウの産地といわれている各地の里山は、吸蜜用の草花と食草のカンアオイの環境が変わらない限り、毎年春になれば2週間ほどの間チョウの賑わいを見せてくれるでしょう。チョウの個体数は多少の変動はあっても増えもせず減りもせず、個を犠牲にして種のバランスを保っているのです。ギフチョウのゲノムDNAには、数千万年の歴史を経て、種を維持するために必要最小限の個体数を調節する情報が刻まれているのでしょう。

チョウ（成虫）の戦略

羽化したチョウの役割は、雌雄が交尾して食草に産卵し、種族を維持する第1歩を確実にすることです。一般に雄チョウが先に羽化し、雌チョウの羽化をいまかいまかと待っています。私は一度、野外で羽化し翅を伸ばしたばかりのギフチョウの雌に雄が求愛行動をするのを目撃したことがあります。ギフチョウの場合、交尾した証を受胎嚢という形で残していくのでわかりやすいのですが、野外で見つけられる雌はほとんどが受胎嚢を付けていますから、羽化から交尾までの時間は短いと思われます。問題は羽化した雌が産卵するまでの日数です。これは野外での情報はなく、実験室での限られた情報ですが、ギフチョウで3〜4日、ナミアゲハは3日くらいといわれています。この時期の雌チョウは、卵で一杯の重い腹を抱えて飛翔能力が落ちているうえに食草を探しながら飛びまわっているのですから、最も危険にさらされている状態です。ここでもチョウは種を守るために雌に特化した戦略をとっています。

多くの動物は雌雄で形や色彩が異なり、一般に雄が雄

▲産卵するヒメギフチョウ *Luehdorfia puziloi*（長野県）

大で美しく、雌は地味で目立たない色彩をしています。この現象は性的二型（sexual dimorphism）と呼ばれています。この現象を巡って、進化論で張り合ったダーウィンとウォーレスは意見が対立していました。ダーウィンは雌を獲得する競争のために雄が徐々に変化したのだと考え、自然淘汰説を裏付ける証拠の1つとしました。これに対しウォーレスは、外敵に襲われないように雌のほうがさまざまな戦略をとった結果だと、自然適応的な考えを示しました。2008年この論争に関する論文がロンドンの王立協会科学誌に発表され、アゲハチョウについては、DNA研究が論争に決着を付けたのです（原著論文7）。

Kunteの論文を具体的に見てみましょう。主な結果を図9、10にまとめました。図9は黄色系のアゲハチョウ属の中で、ナミアゲハから3000万～4000万年前に分岐し、北米に移って分化・多様化したキアゲハの仲間のミトコンドリア遺伝子の解析から得られた家系樹です。一見し

図9 ウォーレス説を支持するアゲハチョウの擬態①

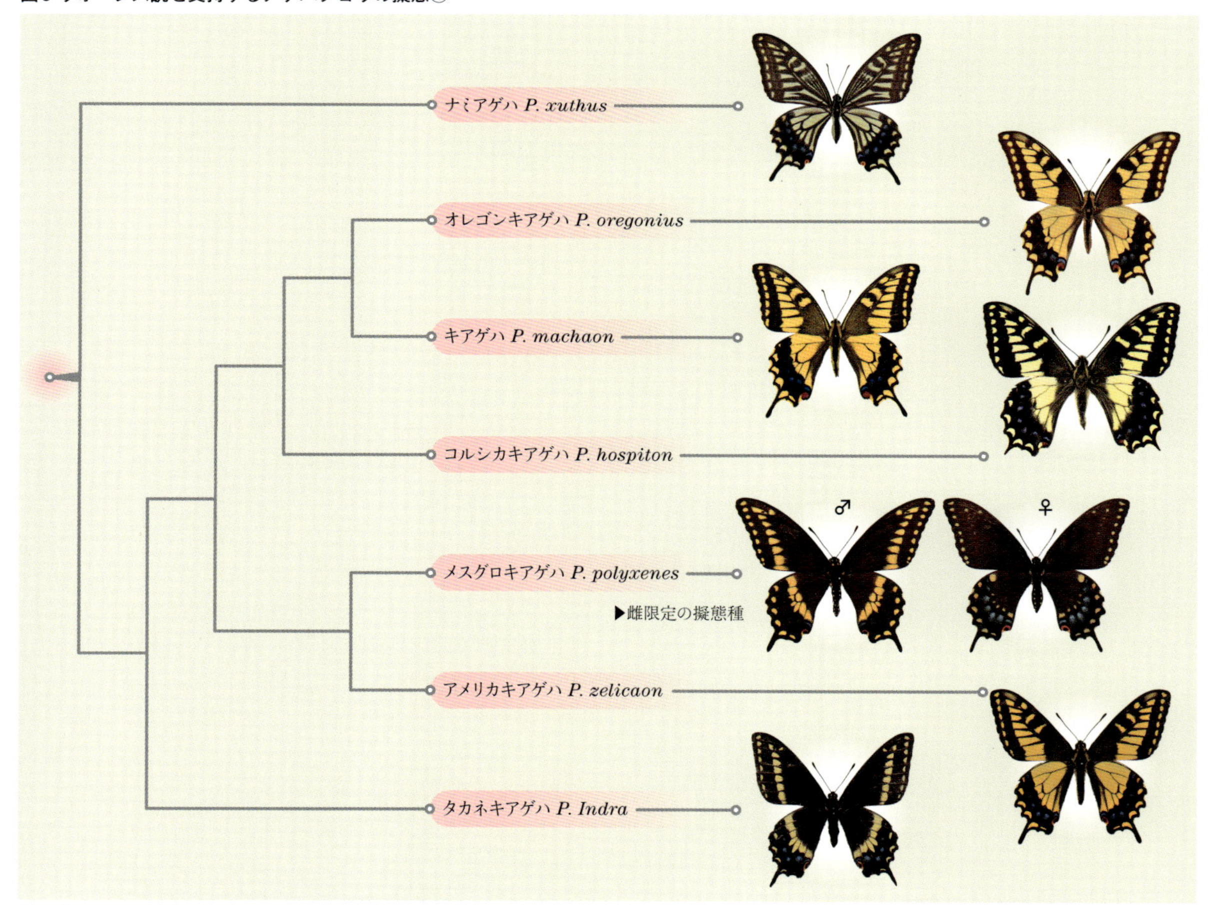

ナミアゲハと分岐した北米産キアゲハの仲間の家系分析を示す。メスグロキアゲハを除き、すべて雌雄同型で黒地に黄色のパターンを持っている。これら1族の祖先種は雌雄同型の黄色系アゲハと推定できる（Kunteの論文から改作。コルシカキアゲハは海野、それ以外は白岩康二郎による撮影）。

て、この家系は黄色系であることが明らかです。いくつかの段階で予想される祖先種は雌雄とも黄色系であると推定できます。

この家系の中から分化したメスグロキアゲハは変わり種で、雌に限定して黒型に変化しているのです。このチョウが分布する北米にはジャコウアゲハ族の1種アオジャコウアゲハが生息しています。このチョウはウマノスズクサを食草としており、食草に含まれるアリストロキア酸を蓄積して鳥に嫌われる毒チョウなのです。図10の写真を見るとよくわかるように、メスグロキアゲハの黒型の雌はアオジャコウアゲハにそっくりです。ニンジンやパセリなどセリ科植物で育った無毒のメスグロキアゲハの雌は、毒チョウに擬態することで生存に有利になり、偶然に起こった黒色の変異が雌チョウに広がり、固定されたのでしょう。

まったく同じことが、ナミアゲハより前に種分化したトラフアゲハの仲間でも見られます（図10）。このグループの家系は黄色系であることは明らかです。ここでもその1種メスグロトラフアゲハで多型が生じました。この場合は少し複雑で、雌には雄型の黄色系と黒化したものの2種類があり、全部で3種類の多型が存在するのです。このチョウでも黒化した雌は同所に生息する毒チョウのアオジャコウアゲハに擬態しています。写真を見ると鳥が間違えるのも無理はないと思えます。

このように、Kunteは性的二型を示す50種類のアゲハチョウについて、DNAによる家系図を作って祖先種を推定しました。どの場合も、キアゲハやトラフアゲハのように祖先種は性的二型ではなかったので、祖先種から変化したのは雄なのか雌なのかを判定することが容易にできたのです。その結果、2種をのぞき、変化したのは雌であることが明らかになり、性的二型（または多型）は雌の種保存の戦略であるというウォーレス説に軍配を上げたのです。もちろんこれはアゲハチョウについての研究で、他の動物にこの結果を演繹することはできません。チョウの場合は鳥とは違って求愛行動に雄の容姿はさほど影響を与えないのでしょう。Kunteの研究のもう1つ重要な発見は、性的二型と擬態種は家系とは関係なく、散発的、偶発的に起こっているということです。

擬態

捕食者から逃れるために雌チョウがとっている擬態戦略をもう少し詳しく見てみましょう。チョウの捕食者は鳥だとされていますが、野外で実見するのはクモの巣にかかったり、カマキリに捕らわれたりする姿です。クモの巣

図10 ウォーレス説を支持するアゲハチョウの擬態②

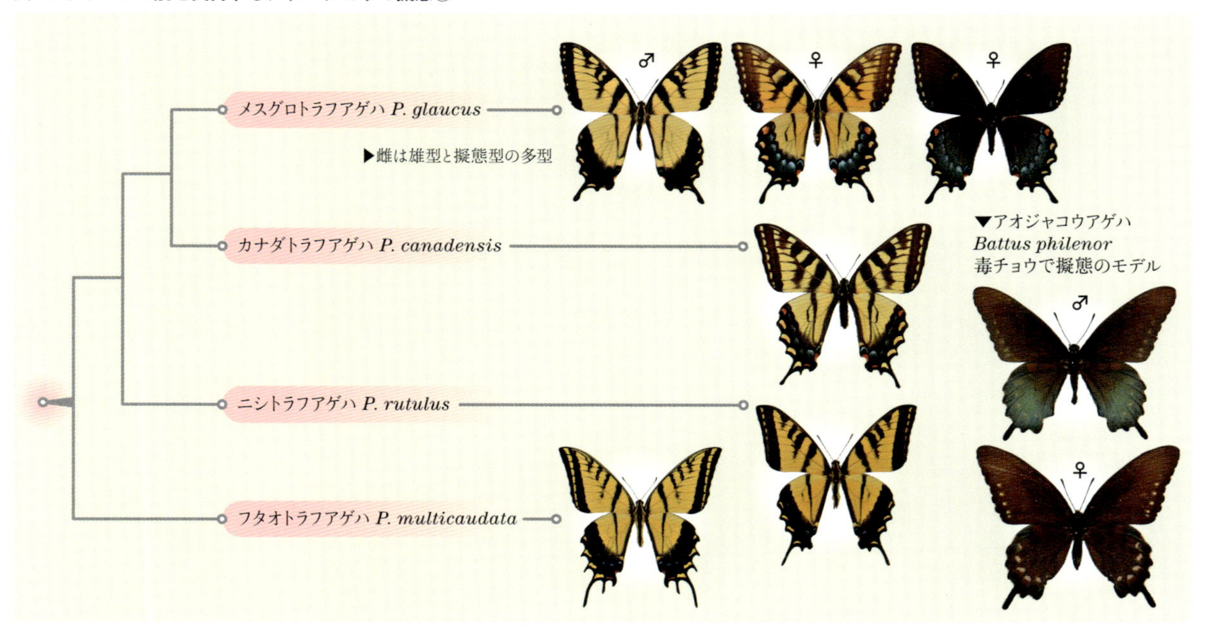

アゲハチョウ族の1群、トラフアゲハの仲間の家系分析。ここではメスグロトラフアゲハの雌が雄型と黒色擬態種型の多型を示している。図9と同様、この仲間の祖先種も明らかに黄色型である。メスグロトラフアゲハの擬態種のモデルは、メスグロキアゲハと同様、アオジャコウアゲハである（Kunteの論文から改作。白岩康二郎による撮影）。

▲ヘリコニウスタイマイ *Mimoides pausanias*（上）がドリスドクチョウ *Heliconius doris* に擬態（以下、擬態の標本写真は、上が擬態種、下が擬態モデル）

▲ヘリコニウスタイマイ（ベネズエラ）
▼サラドクチョウ *Heliconius sara*（フランス領ギアナ）

にかかる不運は避けられようもないでしょうが、鳥やカマキリの場合には視覚が重要な役割をしています。チョウがとっている戦略も視覚にかかわることで、その主なものは〈隠遁術〉と〈擬態術〉です。

アゲハチョウの黒1色、青1色などは背景の自然環境にうまく溶け込んで鳥を欺くことができるでしょう。ところがギフチョウのような一見派手な黄と黒の縞模様を持つものでも、生息時期の景色の中に見事に溶け込んでしまうのです。早春、桜が咲く頃は里山の地面や林縁の草地は落ち葉と枯れすすきに覆われています。地面を這うように飛んでいるギフチョウを追っていると、ふっと視界から消えてしまうことがあります。消えたあたりに狙いを付けてよく見ると、枯れすすきの縞模様の中に翅を広げて止まっている姿をなんとか見つけることができるのです。自然の巧みな技に驚かされます。もう少しおとなしい色彩のナミアゲハでも同じ経験をさせられます。見事な隠遁術です。

擬態はその言葉通り自分とは異なる他者に似せることです。他者には自然の草や木が含まれていると見なせば、隠遁も擬態の1種といってよいでしょう。普通には擬態は他の生き物に化けることをいいます。教科書的には擬態にはベーツ型擬態とミュラー型擬態という、昆虫が他の昆虫に似せる戦術が有名です。ダーウィンと同時期の博物者でウォーレスとともに中南米の動植物を調査したベーツは、アマゾン流域の固有種で多産するタテハチョウ科のヘリコニウス属（*Heliconius*）という色彩豊かで、小型のかわいらしい毒チョウ群に興味を持ちました。種類も40種を超えるほど多いのですが、生息地の環境の森林、草原、河川縁などの違いによって色彩のパターンを変える柔軟性を持っています。さらに同所に生息している科も属も異なるチョウが、この毒チョウにそっくりであることに気付きました。驚くことに、違う環境に移ったヘリコニウスが色彩のパターンを変えると、まねするチョ

▲ラグライズアゲハ（ニセツバメアゲハ）*Chilasa laglaizei*（上）がツバメガに擬態

▲デレッセルティマダラタイマイ *Graphium delesserti*（上）がヒメオオゴマダラに擬態（マレーシア）

ウも同じように変わっていたのです。ベーツはこの現象から初めて〈擬態（mimicry）〉という概念を提唱し、擬態のもとになる種を〈モデル〉、まねする種を〈擬態種〉と名付けました。ヘリコニウスのような毒チョウをモデルとする擬態をベーツの名をとってベーツ型擬態といい、のちにミュラーによって提案された毒チョウと毒チョウの間の擬態をミュラー型擬態と呼びます。ミュラー型の場合、どちらがモデルでどちらが擬態種かを判断するのは困難でしょう。アマゾン流域では、ヘリコニウス属を中心に、ベーツ型、ミュラー型が入り組んで、壮大な擬態の輪が形成されているのです。

擬態はほんとうに役に立つ？

擬態は毒チョウが毒成分を貯蔵して鳥などに捕食されにくい性質を利用して、自分も捕食を免れようとする戦略だと思われます。その証拠に擬態種は多くの場合性的二型と連動していて、モデルに似せてパターンが変わるのはほとんどが雌だけなのです。擬態種の雌はパターンだけでなく飛び方などの行動様式までモデルをまねています。さらに鳥がモデルを試食して有毒であることを学習するのを待って、羽化の時期をモデルより遅らせている種類も知られています。

北米各地に生息して冬季越冬のためにカリフォルニア南西海岸やメキシコに集団で移動することが知られているオオカバマダラは、幼虫が摂食したガガイモ科のトウワタに含まれる毒物を成虫が貯蔵しているため、捕食者にはジギタリスのような強心剤として作用し、心臓の鼓動を激しくして、食べたものを吐き出させるような毒作用を起こすことがよく知られています。このような毒チョウをモデルとする擬態種にとって、実際に擬態が有効に働いているかどうかを実験した科学者がいます。

以下は阪口浩平の優れた大著《図説 世界の昆虫》（全6巻、保育社、1979）第1巻（p.76）からの引用です。〈エール大学のブラウワー（Brower）博士夫妻は擬態モデルのオオカバマダラをカケスの一種ブルージェイに与えて苦い経験をさせ、そのあとに擬態種のカバイチモンジを与えたところ、そのカケスは決して食べなかった。もちろん経験のないブルージェイは喜んで擬態種を捕食した。また、ガガイモ科にも無毒の植物があり、それらで育てられたオオカバマダラを食べたカケスは元気だった。北米各地には有毒、無毒合わせて108種のトウワタ属が分布するので、すべてのオオカバマダラが常に鳥にとって有害であると見なすことは正しくない。このような観点から有毒種（モデル）自身に、(1) 強毒のオオカバマダラ同士の擬態、(2) 強毒と無毒のオオカバマダラ間の擬態、(3) 無毒のオオカバマダラ同士の擬態、という複雑な関係が成立している。〉

以上、原文をそのまま引用したのは、これがチョウの

▲オナガマネシタイマイ *Mimoides thymbraeus*（上）がフォチヌスナンベイジャコウアゲハ *Parides photinus* に擬態

▲シロモンベニタイマイ *Eurytides harmodius*（上）がマエモンジャコウアゲハ *Parides sesostris* に擬態

生態にとってとても重要な発見だからです。馴染みの深い毒チョウのオオカバマダラの食草であるガガイモ科トウワタ属植物は108種もあり、その中に無毒の種類があって、それを食べて育ったチョウもまた無毒であるという事実に驚かされました。形も色彩もまったく同じ集団に、生理的に見ると有毒個体と無毒個体が混在していたのです。無毒の個体は有毒な個体と間違われて鳥の捕食を免れることとなり、両者には有毒モデルと無毒の擬態種という関係が生まれます。すなわちオオカバマダラは同一種の中でベーツ型擬態が成立しているのです。このような関係は食草に対する依存度を考えると、限りのある有毒な食草にのみ頼るより無毒な食草も利用できるほうが有利であるに違いありません。オオカバマダラはこのような種内ベーツ型擬態を利用し、大集団を形成して長距離移動に成功したのでしょう。他の毒チョウとして知られるチョウの中にも、無毒、弱毒、有毒の食草を使い分けて種内擬態が成立しているものが少なくないと思われます。

第3、第4種の擬態

このように個体数の多いヘリコニウスやオオカバマダラのような毒チョウには毒チョウ自身の間に複雑な擬態関係が成立しており、擬態種はそれを上手に利用しているといえるでしょう。私はベーツ型擬態、ミュラー型擬態に加えて、ブラウワーが指摘した無毒オオカバマダラ同士の擬態をさらに一般化して、〈異種の無毒なチョウの間の擬態〉を第3の擬態として考えたいと思います。この場合、捕食者に対する抵抗は毒によるものではなく個体数に依存すると考えるのです。種の個体数はそれぞれの種に固有な生態や食草などの環境に制約されて限られており、1種だけで捕食に耐える個体数を維持することは容易ではないでしょう。しかし、もしも同所に生息する異種が互いに類似の色彩とパターンをしていれば、捕食される確率は個体数の増加に反比例して低減することが期待できます。次節に紹介するマネシアゲハ属は擬態種として知られていますが、属の中で種を同定するのが困難なほどよく似ているものも少なくありません。このような場合、異種を利用して集団のサイズを大きくするという第3の擬態も機能していると考えてよいでしょう。

最近、フィリップ・ハウスは〈サテュロス型擬態〉という第4の擬態を提唱しています（《なぜ蝶は美しいのか――新しい視点で解き明かす美しさの秘密》エクスナレッジ、2015）。彼はチョウやガの模様を詳細に調べ、それらは他の攻撃的な動物である鳥や爬虫類などに擬態して捕食者の攻撃を躊躇させる能力を持っていると考え、これをサテュロス型擬態と名付けました。サテュロスはギリシャ神話に登場する森林と山野の神で、人間の形をしながら剛毛で覆われ、頭には短い角を持ち、山羊のような足をしていたといわれます。すなわちサテュロスは

▲ナガサキアゲハ *Papilio memnon*（上）がニジアケボノアゲハ *Atrophaneura nox* に擬態（マレーシア）

▲カバシタアゲハ *Chilasa agestor*（上）がアサギマダラに擬態（台湾）

人間と山羊の性質を持つ両義性の象徴なのです。チョウは昆虫と鳥や爬虫類の両義性を示すことがあるでしょうか。ハウスにいわれて改めてチョウの部分をいろいろな角度、特に逆さにして見ると、確かに他の動物が見えてきます。あの無毒で美しいギフチョウでも、逆さにして後翅の付け根にある朱色で囲まれた青色の目玉模様と2本の黒い突起をじっと眺めると（鳥は全体より部分を見るのだそうです）不気味な動物が見えてきます。

もっとはっきりしているのはアゲハチョウの幼虫です。多くのアゲハチョウ属の幼虫は終齢になると緑色の胸部が膨れ上がり、黄色と青で縁取られた大きな斑紋が現れます。多くの人にはこれが幼虫の目玉のように見えるようですが、実際には目がついている頭部は胸の下に隠されていて見えていません。外敵に襲われるとこの胸部を持ち上げ、先端から黄色い臭いの角を突出させ、まるで舌をちょろちょろ出している毒蛇のように見えます。捕食者を躊躇させるには十分ではないかと思われますが、はたして小鳥にはどう見えているのでしょうか。

2. マネシアゲハの戦略

擬態は種の維持にとって重要な役割をしているように見えますが、その働きを活用することがほんとうに種の進化・多様化に貢献しているのでしょうか。前にお話ししたアマゾン流域で有毒のトケイソウを主食とする毒チョウのヘリコニウスは独特の科を形成し、ミュラー型の擬態、ベーツ型の擬態を織り交ぜて、多くの科や族のチョウを組み込んで〈毒チョウ王国〉とでもいうべき生態系を作り上げています。しかしこのような例はチョウの世界では一般的ではなく、むしろ特殊なケースのように思えます。

アゲハチョウの場合、前述のKunteの指摘のように、擬態は散発的、偶発的に起こっているのです。例を挙げましょう。アフリカ大陸の各地に生息するオスジロアゲハは擬態の王様と呼ばれており、雄は黄色地に黒の縁取りを持つ前翅と同じく、黄色地に黒色斑紋をちりばめた後翅と尾状突起を持つ、大型の典型的なアゲハチョウです。ところが、雌は雄とはまったく別種のチョウと思われるような、尾状突起を持たず、地域ごとに異なるさまざまな色彩とパターンを持つものが30種近くあり、それぞれの地域で有毒のマダラチョウに擬態しているのです。このチョウはキアゲハ亜属に近縁であることがDNAによる分子系統でわかっていますが、近縁種には擬態種は知られていません。オスジロアゲハの多様な擬態遺伝子はこの種に限定して生まれたもので、他の種には伝播していないようです。

次節で詳しく述べる八重山諸島から南方に生息するシロオビアゲハは、雌雄がまったく異なる性的二型の典型

▲ネサエアマネシジャノメ *Elymnias nesaea*（雌、上、タテハチョウ科）がツマムラサキマダラ（雌、同）に擬態（マレーシア）

▲ネサエアマネシジャノメ（雄、上）がツマムラサキマダラ（雄）に擬態（マレーシア）

▲ムラサキマネシアゲハ *Chilasa paradoxa*（上）がツマムラサキマダラ（タテハチョウ科）に擬態

的なケースで、雌は族が異なる有毒なジャコウアゲハの1種ベニモンアゲハに擬態しています。シロオビアゲハは61種を超える大きな家系（シロオビアゲハ亜属）の一員で、日本にもモンキアゲハやクロアゲハなど7種の仲間がいますが、このような擬態をするのはシロオビアゲハに限定されていて、擬態遺伝子は同属の他の種には広がっていません。

マネシアゲハ属は擬態の家系

アゲハチョウの中にも例外的に一族一党が擬態をしている家系があります。その名も英名ではPapilio mime、〈まねするアゲハ〉と呼ばれています。和名は直訳したのでしょうか、マネシアゲハといいます。生息地は東南アジアからニューギニア島までの熱帯地域に限られていて、20種を超える家系を形成しています。そのどれもが、地域ごとにその地の毒チョウに似せて思い思いの装いをしているのです。このユニークなアゲハチョウ属を身近に観察することができないのは残念なことです。

分子系統を調べると、祖先種はキアゲハのような典型的なアゲハチョウで、現在の家系の中にはもとの形をしたものもいますが、尾状突起を失ったもの、さらに色彩もパターンもアゲハチョウとは思えない、まるでマダラチョウに間違えそうなものまで、さまざまなのです。これらを一堂に集めた図鑑（例えば五十嵐の《世界のアゲハチョウ》のplate101-108に8種48個体が図示されている）を見ると、これが同じ属のチョウとはとても思えません。この属は多型が特徴で、同種でも生息地によってまったく異なるパターンを持っているのです。

最も普通種で、英名common mime（普通まねし）、和名は属を代表するものとしてマネシアゲハ（*Chilasa clytia*）という名前を持つ種は、雌雄ともに地域により5種類以上の多型を装い、マレー半島産は毒チョウのウスイロアサギマダラ（*Ideopsis vulgaris*）に擬態しています。また、インド北部からスンダランドに分布するカバシタアゲハ（*Chilasa agestor*）は、雌雄ともに日本にも生息する有毒のアサギマダラ（*Parantica sita*）に擬態しています。海を渡るチョウで有名なアサギマダラは本来熱帯産で、マネシアゲハ属のモデルになっているのですが、日本まで飛来したものはモデルの役割をすることがなくなっているのです。インドからスマトラ、ボルネオに分布するムラサキマネシアゲハ（*Chilasa paradoxa*）は、雌雄で翅の色が違っていて、雄はマダラチョウ科のツマムラサキマダラの雄に、雌はその雌に似せるという凝りようです。さらに興味深いのはニューギニア島の固有種のルリニセツバメアゲハ（*Chilasa laglaizei*）で、大型で美麗なアゲハチョウ型のチョウで、その島にすむ珍しく昼間に飛翔する有毒なガのオジロルリツバメガに擬態しているようです。

ニセツバメアゲハのような変わり種をのぞき、マネシアゲハ属に共通にいえるのは、雌雄を問わず多型で、それぞれが主としてマダラチョウ科のチョウに擬態していることです。東南アジアの熱帯地域でこのような多彩な擬態

▲ムラサキマネシアゲハ（上）がシロモンルリマダラ（タテハチョウ科）に擬態

▲シロモンルリマダラ *Euploea radamanthus*（マレーシア）
▼ムラサキマネシアゲハ（タイ）

の輪が形成されているのは、この地域にダナイナエ族と総称されるマダラチョウ科の毒チョウが300種も存在し、個体数も多く、ベーツ型擬態が成立しやすい環境を提供しているからだと考えられます。

マネシアゲハ属の祖先種についてはまだ疑問も残されているようですが、5000万年前にジャコウアゲハ族と分岐したアゲハチョウ族から比較的早く4000万年前くらいに発生したもので、アゲハの中では古い家系だと思われます。この発生の初期の祖先種が多型を作りやすい遺伝子を獲得し、その後生まれる家系全体に広がったのでしょう。そして同じ頃に発生し多様化した有毒のマダラチョウと偶然似たものが集まって擬態の輪を形成したものと考えられます。擬態の中には、前翅の先端部分が白くなる白化と呼ばれる特徴的なパターンがあるのですが、モデルと擬態種の両方に同時に現れてきた、共進化と思われるような現象も見られるのです。

皆がまねしチョウになったら

マダラチョウ族を見ていると、このような大規模な擬態の輪がもっと多くのチョウや昆虫に広がらなかったのはなぜなのかと不思議に思います。いくつかの理由が考えられます。まず多型が問題になります。擬態は、チョウの形態や色彩パターンに多型を生じることから始まるといっていいでしょう。もし多くのチョウが多型を生じたらどうなるでしょうか。人が5種類ものマネシアゲハの多型を見て、どれが本物かわからないように、種のアイデンティティーが失われる危険性があります。雄チョウが雌チョウを間違えてしまうことはないのでしょうか。このようなチョウでは、おそらく視覚だけではなくフェロモンのような情報が認識に使われていると思われます。多型の多いマダラチョウでは、雄もフェロモンを使って雌を誘導することが知られています。

第2に、人口問題があります。種の個体数は環境や食

▲オスジロアゲハ *Papilio dardanus*（雌、上）がシロモンマダラ（タテハチョウ科）に擬態

▲オスジロアゲハ（雌、上）がエケリアシロモンマダラ（タテハチョウ科）に擬態

料の量によって制限されています。これを異なるパターンに分配すると、それぞれのパターンの個体数は少なくなり、捕食されるリスクが増えることになりかねません。擬態がうまく成立して多数のモデル種の中に紛れ込むことができればいいのですが、擬態が成立するまでの途中段階でのリスクは避けられないでしょう。

このような制約がある擬態は、種保存の戦略として限定的に用いられていて、実はアゲハチョウ全体の進化・多様化にはそれほど大きな役割は演じていないと思われます。そのおかげで、われわれは美しい多様なチョウの饗宴を享受できているのです。アゲハチョウとマダラチョウの区別がつかないようなマネシチョウばかりの世の中を想像するとあまり楽しくはないでしょう。

3. 擬態の遺伝子

マネシアゲハやヘリコニウスなどに見られる性的二型や多型は、遺伝学的にはパターン形成に必要な遺伝子の変異形質だと考えられます。パターンの異なる同種間の掛け合わせを人工的に行って、パターン形成に必要な遺伝因子を探る研究が長く行われてきました。変異にかかわる遺伝子の乗っている染色体を決め、掛け合わせを繰り返して、染色体上の位置（遺伝子座）を狭めていくという地道な研究に加えて、現在ではその遺伝子座を切り出してDNA配列を解析することによって多型と擬態にかかわる遺伝子をピンポイントで決定し、その構造を明らかにすることができるようになっているのです。

チョウの形はどのように作られる―ホメオティック遺伝子

チョウの擬態遺伝子について語る前に、昆虫の形を作るメカニズムについて基本的なことをお話ししましょう。昆虫が節足動物門に属しているのは、カニやエビと同じように機能的に独立性の高い体節を持つという特徴があるからです。

昆虫は14の体節を持っており、前から1-3節は頭、4-6節は胸、7-14節は腹を作り、頭の第1節からは触角が、胸の第1節からは前脚、第2節からは中脚と前翅、第3節からは後脚と後翅が生じており、腹部の8節には幼虫の時期には4対の脚が生えています（図11）。

このような分節が作られるメカニズムはショウジョウバエの遺伝学的な研究からわかってきました。幼虫にX線を照射するとさまざまな形態的な変異を人工的に作ることができます。ショウジョウバエは後翅が退化して棍棒状になっているのですが、これが前翅に変わって4枚翅の個体が生まれます（図12）。これは胸部の第3節が、第2節に変化したもので、このような分節が似て非なるも

図11 ホメオティック遺伝子とその働き—成虫原基を作る

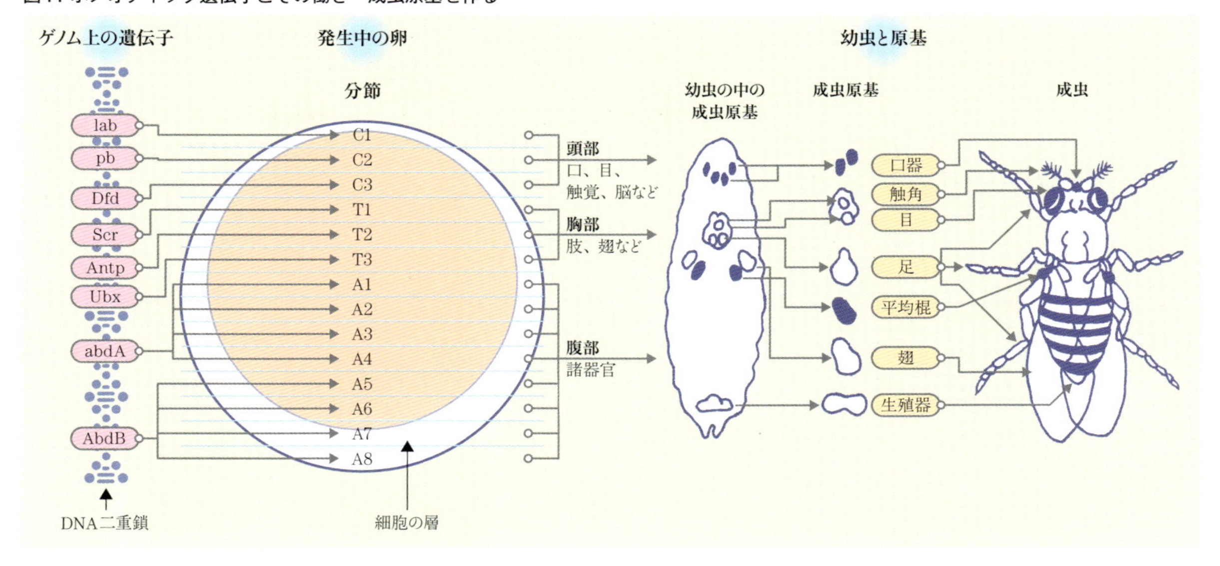

左はホメオティック遺伝子座の8個の遺伝子の並びを上から順に示す。矢印はそれぞれの遺伝子が働く分節を示す。abdA、AbdB 遺伝子は腹部分節4個ずつに働く。中央は約8000個の細胞が一層に並ぶ卵。すでに14の分節に分かれている。C1～C3は頭部、T1～T3は胸部、A1～A8は腹部の分節。それぞれにホメオティック遺伝子が働き、分節に特徴的な構造がつくられる。右は幼虫の体内と成虫。将来各種器官になる細胞群が幼虫の体内に原基として蓄積する。
http://www.mun.ca/biology/desmid/brian/BIOL3530/DEVO_02/devo_02.html
Molecular and developmental biology (BIOL3530)
(Dr. Brian E. Staveley の Memorial University of Newfoundland)
より、Drosophila melanogaster: metamorphosis を参考として吉川が描画。

のに変化する遺伝的な変化を〈ホメオティック（同質の）変異〉というようになりました。有名な国際誌に、頭部の触角のかわりに脚が付いているショッキングな電子顕微鏡写真が掲載され、このホメオティック変異は一挙に有名になったのを思い出します（図12）。これは頭部の第1節が胸部第3節にホメオティック変異したものでした。実験室で変異を起こすことができないチョウではホメオティック変異は見つかりにくく、自然に見つかる数少ない異常個体の中に後翅の一部分が前翅の形や斑紋を持っているものがあり、おそらくホメオティック遺伝子が変異したものだろうと思われている程度です。ところが、思いがけないところでアゲハチョウのホメオティック変異体が発見され話題になりました。それは奈良・東大寺の片隅で、誰にも知られることなく長く眠っていたのです。大仏殿には大仏を取り囲んで多くの装飾品がありますが、その1つに青銅製の大きな花瓶があります。その肩に2頭のアゲハチョウが止まっているのですが、よく見るとその足はクモのように8本なのです。これに気付いたのは国

▲東大寺大仏殿の8本足のアゲハチョウ
ホメオティック遺伝子の変異体？（撮影：山中麻須美）

際会議で来日していた高名なスイスの発生学者ゲーリング（Walter Gehring）で、大仏殿を訪れたときに“ホメオティック変異だ”と大声をあげ、同行した研究者達を驚かせたのです。その後、彼は機会あるごとにこの写真を紹介したので、大仏殿のアゲハチョウは世界の発生学者の間に広く知られることになりました。

これらの変異は特定の染色体の上に位置する大きな遺伝子座に起こっていることが判明し、この遺伝子群はホメオティック遺伝子群と名付けられました。驚いたことにこの領域には、8個の遺伝子が昆虫の体節の順に並んでいたのです。すなわち頭部形成遺伝子が3個、次いで胸部形成遺伝子3個、前腹部形成遺伝子1個、後腹部形成

図12 ショウジョウバエのホメオティック遺伝子の変異体

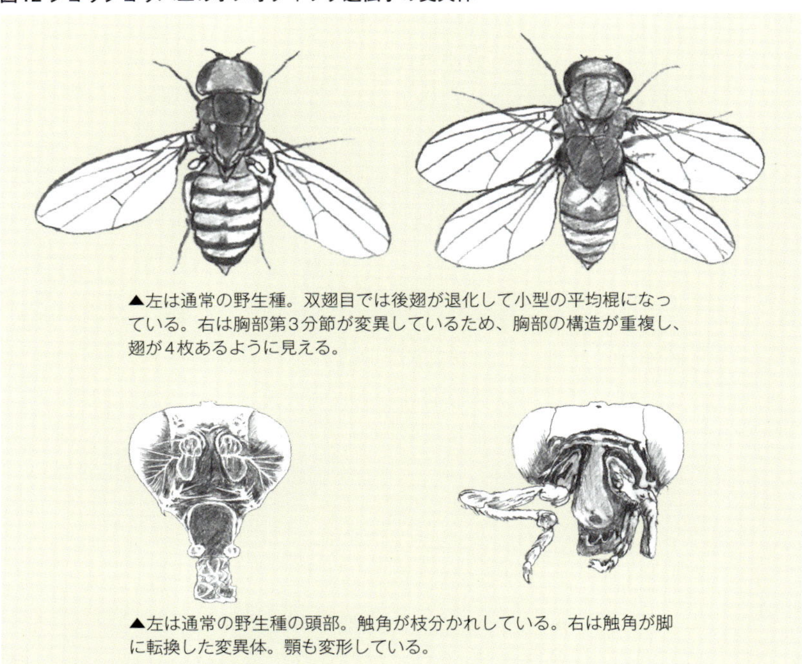

▲左は通常の野生種。双翅目では後翅が退化して小型の平均棍になっている。右は胸部第3分節が変異しているため、胸部の構造が重複し、翅が4枚あるように見える。

▲左は通常の野生種の頭部。触角が枝分かれしている。右は触角が脚に転換した変異体。顎も変形している。

Edward B. Lewisのグループが Science vol. 221, No.4605に発表した写真と、Rudi Turner が撮影した走査顕微鏡写真をもとに吉川が描画。

遺伝子1個、計8個がその順に見事に並んでいたのです(図11)。これらの遺伝子が作るタンパクは、DNAに結合してDNAからRNAが作られる遺伝子発現の機能をオンオフ制御する転写制御タンパクで、それぞれの分節の特徴的な機能や形態を決定するマスター遺伝子群だったのです。ショウジョウバエのホメオティック変異を初めて発見したアメリカのルイス（E. Lewis）は1995年ノーベル医学生理学賞を受賞しました。

世界の発生学者を驚かせたのは、ホメオティック遺伝子が次々といろいろな生物で発見され、体節などないヒドラから、脊椎動物の魚類から哺乳類、なんとヒトまで、染色体上の並び方もそのままに保存されていたのです。もうおわかりだと思いますが、ホメオティック遺伝子群は昆虫に特化したものではなく、進化の早い時期に動物の形態形成に必要な遺伝子として進化し、マスター遺伝子群として不動の地位を占めているのです。いうまでもなく、アゲハチョウの形作りもホメオティック遺伝子の働きに依存しています。

形作りは発生の初期に決まっている

昆虫の体節ごとに働いて、形態を作っていくマスター遺伝子はどのように働くのでしょう。残念ながらチョウでは実験室での発生研究をすることができないので、モデル研究が進んでいるショウジョウバエの研究を紹介しましょう。

卵が受精すると核の分裂が始まります。13回の分裂が起こり、核の数が8000個を超えると、核は卵の裏側に1層に整列し、周囲に膜が作られて8000個の細胞層に変化します。実は発生のこの初期段階で形作りのグランドプランはできあがっているのです。

ホメオティック遺伝子が働くためには、14個の体節ができあがっていなければなりません。そのような細胞の組織化は、次のように行われます。まず卵の中で核が分裂して増える間に、もともと卵の中にあったタンパク（これらを母性因子といいます）の濃度勾配によって前後軸が決まります。次にギャップ遺伝子という名の遺伝子の働きで7つの節に分断され、続いてペアールールという名の遺伝子によって7つの節が2個ずつに分けられて、2段階で14個の分節ができあがるのです。

いよいよホメオティック遺伝子の出番です。図11を見てください。

C1からA8までの番地が付けられた領域にはそれぞれ

数百個の細胞が存在し、すべて同じ遺伝情報を持っています。ところが第1節のC1に含まれる細胞では8個のホメオティック遺伝子のうち1番目のlab遺伝子のみが働いて頭部の器官を作り、第4節のT1に含まれる細胞では4番目の遺伝子Scrが働いて胸部の構造を作ります。すなわちそれぞれの分節では、ホメオティック遺伝子の1種類だけが機能し、他の遺伝子は働かないような制御機構が働いているのです。

こうして作られた構造は完成品ではなく、まるでミニアチュールのような構造で幼虫の中に蓄えられ、蛹になったときに幼虫を作っていた細胞が死滅した後、成虫の構造を作るもとになるのです。これらは成虫原基と呼ばれていて、ハエやチョウのような完全変態を行う昆虫に特徴的な仕組みなのです。

まねし屋の遺伝子を探る

前置きはこれくらいにして、擬態の遺伝子についてどこまでわかっているのかを話しましょう。博物学的にはよく調べられている一族郎党が揃ってまねし屋のマネシアゲハは、家系の分析にとどまっていて、擬態の遺伝子に迫るような研究は残念ながらまだ行われていないのです。擬態遺伝子研究の先頭を走っているのは、先に述べたヘリコニウスドクチョウ属とアゲハチョウ属のシロオビアゲハです。

ヘリコニウスの場合は多様な色彩のパターンを、シロオビアゲハでは雌雄で異なる性的二型を突然変異形質と見なして、掛け合わせによって変異にかかわる遺伝子座を探る研究が行われました。遺伝学でいう遺伝子座というのは、掛け合わせをしたとき、色彩やパターンなどの形質と連動して子孫に伝わる染色体上の領域のことをいいます。先の例では8個の遺伝子で構成されるホメオティック遺伝子座は1つの遺伝子座なのです。

旧来の遺伝学では遺伝子座を決定することが究極の目的で、その座の中にどのような遺伝子がいくつ含まれていてどのような働きをするのかを問うことはほとんどできませんでした。分子生物学が発展して、1980年代に遺伝子座をクローニング（純粋に分離すること）し、DNAの塩基配列を決定する技術が進歩すると、遺伝子座に含まれている遺伝子を明らかにすることができるようになりました。さらに90年代になるとヒトゲノムプロジェクトが国家的な戦略として行われ、生物の持つすべての遺伝情報を解読する技術が生まれ、その気になれば、生物が持つすべての遺伝子を調べ、その働きを理解することが可能になったのです。

しかし、新技術を駆使するには莫大な費用がかかります。チョウの研究のような“生活の役に立たない”ものは優先順序がきわめて低く、対象にはならなかったのです。その状況を変えたのは、個人の疾患の原因を突き止めるために必要な遺伝情報をいち早く知りたいという激しい研究競争の結果到達した急速な技術の進歩でした。今世紀に入ると、ゲノム解析に必要な経費は当初の1000分の1程度になり、希望すれば数十万円の費用で“あなたのゲノム”を解読することができるという、まさに〈誰でもゲノム〉の時代が到来したのです。

ヘリコニウスの擬態遺伝子

ゲノム時代の波及効果を受けて、いつ役に立つかわからないような純粋に学術的な研究についてもゲノム研究が可能になりました。100年も前にベーツによって提唱されたヘリコニウスの擬態の研究にも、ゲノム的手法を使うことができました。2010年以来、数種類のヘリコニウスのゲノムが解読されて、擬態にかかわる遺伝子群の探索が行われたのです。

ヘリコニウス属のメルポメネドクチョウとエラートドクチョウは毒チョウ同士の間で擬態しています（ミュラー型擬態）。この2種はアマゾン流域の広い範囲に生息していますが、生息地によって異なる20種類もの色彩パターンを持っているのです。面白いことに、地域ごとに異なる多型は両方の種の間でまったく並行して変化しています。多型のパターンを調べると、黒地に赤色の斑紋の大きさと数と位置の組み合わせで変化していることがわかります。これを手掛かりに調べた結果、黒色の領域を制御し数や位置の多型を作るシグナルと、赤色細胞（鱗粉）が作られる場所とタイミングを調節する制御因子2種類の遺伝子が明らかになりました。これらの遺伝子の働きが2種の間で、生息地ごとに偶然に同時に変化するとは考えられません。どちらかが先行して多型の1つを選択した後で、第2の種はたまたまそれと一致した多型を有利な擬態種として選択したものと考えるべきでしょう。擬態の進化の過程では、常にモデル種と擬態種が存在するはずです。

一方、別のヘリコニウスドクチョウのヌマタ種では、黄色、橙色、黒色の3色で構成する斑紋パターンの変化で多型を形成し、無毒のチョウの擬態モデルになっています。パターン変化と遺伝的に連動する領域を調べたところ、18個の遺伝子からなる大きな遺伝子座が関係して

▲エラートドクチョウ *Heliconius erato*（仏領ギアナ）
▼メルポメネドクチョウ *Heliconius melpomene*（仏領ギアナ）

いることがわかりました。ゲノム解析の結果、18個の遺伝子の中の複数の遺伝子の染色体上の並び方や方向によって、複数のパターンが形成されることが明らかになっています。

このように同じ属にある近縁のチョウでも、斑紋パターンの多型を作り、擬態の原因を作る遺伝子群の変化は、進化の途中で独立に起こっているようです。先に述べたように、アゲハチョウの中にもマネシアゲハのように同族の中から多型を作り擬態種となることに成功しているものがあります。この場合もヘリコニウスのように擬態遺伝子は複数あって独立に生じているのか、あるいは祖先種に生じた多型を作る能力を子孫種に伝播したのか、知りたいものです。今後の遺伝子研究が待たれます。

シロオビアゲハ*Papilio polytes*（上）がヘクトールベニモンアゲハ *Atrophaneura hector*（下）に擬態

シロオビアゲハの擬態遺伝子

ヘリコニウス属に劣らず、わが国のチョウ愛好家や研究者に古くから関心を持たれていたのが、南西諸島から南方に生息するシロオビアゲハの擬態です。

シロオビアゲハの雄は黒1色の地色に、その名の通り1本の白い帯が後翅を半円形に鮮やかに彩っています。一方、雌は雄と同型ですが、白帯を失い、かわりに後翅に形と大きさの異なる白と赤の派手な紋が現れ、とても同種とは思えない少なくとも4種の型が知られています。雌のこの多型は、ジャコウアゲハ族の1種で毒チョウのベニモンアゲハにそっくりなので、〈ベニモンアゲハ型〉と呼ばれています。シロオビアゲハは雌の多型形成によって、ベニモンアゲハとの間でベーツ型の擬態を形成している

▲シロオビアゲハ（雌、赤紋型）（沖縄）

▲産卵するシロオビアゲハ（マレーシア）

のです。

遺伝的にはベニモン型がシロオビ型に対して優勢なので、交配実験によって遺伝形質の染色体上の位置が狭められ、H座と呼ばれる1遺伝子座によって多型が決まることがわかっていました。2014年、インドのタタ基礎研究所のKunteのグループは、このチョウのゲノム解析を行い、H座に存在する遺伝子群の働きを調べ、性決定遺伝子として知られていたダブルセックス遺伝子（dsx=doublesex）が多型の責任遺伝子であり、遺伝子が染色体の上で方向を逆転する変異が擬態に関係することを報告しました。

翌2015年、東京大学の藤原ら日本のグループは、Kunteとは独立にゲノムを解読し、シロオビ型とベニモン型のH座の構造の違いを詳細に検討した結果、ダブルセックス遺伝子が作るタンパクでは15か所のアミノ酸配列が異なっており、ベニモン型のタンパクは擬態型の形質を誘導するばかりかシロオビ型の形質が出ることを抑制することを報告しました。

ダブルセックス遺伝子はもともとショウジョウバエの研究で発見され、脊椎動物にも普遍的に存在し、性の決定に重要な働きをする制御因子を作る遺伝子です。制御因子はDNAに働いて一連の遺伝子群の働きを誘導するタンパクで、この場合、雄か雌かを決定するスウィッチの役割をすると考えられます。この遺伝子が変異することで、雌に限定した多型を作る能力を獲得したといえるでしょう。

黒色系のアゲハチョウ族では、多くの種で雄は黒1色に近いのに、雌は後翅に赤色を発達させている雌雄性的二型のものが少なくありません。これも同じような機構で進化した擬態と考えられる多型ではないかと思われます。

多型、擬態、チョウの多様化

ヘリコニウスドクチョウの多型とシロオビアゲハの多型を比べると、作り方に違いが認められます。前者では多型とそれにともなう擬態の成り立ちは、同族の間の翅の色彩パターンの違いという形態形成の流れの中では最も下流に近いところで起こっています。一方、シロオビアゲハの場合は、雌に発現した多型は属を超えて、系統的には祖先家系のジャコウアゲハ族の形態に飛躍した変化を起こしています。形態形成の流れでは上位にあるといえるでしょう。さらにマネシアゲハ属の多型では、科を超えてマダラチョウ科に属するチョウに擬態できるような、全体の形も模様も斑紋も、アゲハチョウ科とは異なる形を作っています。形態形成の流れではいちばん上流に近いところで起こった変異と考えられます。

このような多型を起こす遺伝子群の変異を参考にして、チョウの形態、主に翅の形、紋と色彩が作るパターンの多様化について想像をたくましくしてみましょう。アゲハチョウは300種以上見つかっていますが、同属内では類似の形態を持っているものが少なくないので、形態の種類にすると100種程度と推定できるでしょう。もともと1種類の形から、どのようにしてこれだけ多様な形が作られたのでしょうか。形態形成には遺伝子が上流から下流に向かって働く流れがあります。チョウの場合、その流れは家系を決める流れと同じようなものと考えてよいでしょう。上流には科の形を分けるポイントがあり、次いで族を、さらに属の形を決め、最後に種を特徴づけるポイントへとつながります。もしもそれぞれのポイントでダブルセックス遺伝子のような制御因子によって複数の選択が可能なスウィッチ機構が働いていると仮定すると、スウィッチの数によってポイントの数が推定できるでしょう。もしも各ポイントで二者択一のスウィッチが働くとすると、100種類以上の形態を作るには7個のポイントが必要になります。実際には、多型を起こす遺伝子のように2個以上選択できるスウィッチもあるとすれば、ポイントの数はもっと少なくてよいでしょう。

進化にともなってポイントとスウィッチは固定され、安定した種が形成されるのですが、遺伝子に起こる偶然の変化によって、スウィッチ機構にさまざまな変化が起こり、ある場合は科のレベルの流れに、またある場合は族や属レベルの流れに変化が起こり、多型を作る能力を獲得する種が現れるのです。その多型がドクチョウに似ていればベーツ型の擬態として選択し安定化し、多型が毒チョウに起こればミュラー型の擬態が選択されるでしょう。

このように考えると、チョウの性的二型や雌の多型は、チョウの形態形成のメカニズムを遺伝子のレベルで明らかにするための有力な研究材料になると期待できるのです。

4.〈偶然と必然〉と〈使い回し〉は進化の基本原理

前節では多型と擬態にかかわる遺伝子や、遺伝子が作るタンパクの働きなどについて記しました。遺伝子とタンパクはどういう関係にあるのか、改めて説明しておきましょう。生物の進化にとって、遺伝子とタンパクは根本的に異なる重要な働きをしているのです。

遺伝子とその進化

遺伝子はDNA分子にATGCという4種類の塩基で書きこまれている情報です。一見ランダムに並んでいるように見える塩基の列は、正しい位置から3つずつ読んでいくと、アミノ酸の並びに翻訳できるようになります。進化の初期、生命は4つの塩基から3つの塩基を自由に選んで4×4×4=64通りの暗号（コード）を作り、そのうち61個を20種類のアミノ酸に配分するという規則性を獲得しました。この規則はバクテリアからヒトまで、いいかえれば三十数億年の進化の過程で、不変の原理として守り続けられているのです。使われる頻度が高いアミノ酸には4-6個のコード、頻度の低いものには1-2個のコードが分配されています。残りの3個は対応するアミノ酸を持たず、コードの句読点に使われています。

DNAの配列はランダムなものから出発しますから、進化の初期の配列には句読点が3/64、すなわち20個に1度の頻度で現れたことでしょう。従って遺伝子の大きさは60塩基、読み取られるアミノ酸の配列は20個程度と小さなタンパクだったのでしょう。それが、進化が進んだ現在ではバクテリアからヒトまで、タンパクの平均アミノ酸数は300、従って遺伝子の大きさは900塩基となっているのです。

このような遺伝子とタンパクの進化はどうして起こったのでしょう。遺伝子の担い手であるDNAは二重らせん構造をした超高分子の物質で、遺伝暗号の貯蔵と子孫への伝播という役割を担っていますが、自分では何もできないサイレントな物質なのです。DNAを複製して伝播し、暗号としての役目を果たすためには、情報の製作者と解読者の助けを借りねばなりません。情報の製作者は実はタンパクなのです。タンパクの中にはDNAを複製したり、DNAを切ったり貼ったりしてDNAの構造を変える能力を持ったものがあります。複製は正確に行われますが、前に書いたように、とても低い頻度で間違いを起こすのです。この間違いと構造変化こそが進化の原動力になるのです。情報を解読するのもタンパクの働きです。DNAに書き込まれている何万もの遺伝子の中から必要な遺伝子を見つけ出して、そのときに必要なだけのタンパクを合成することができるのです。このようにDNAはタンパクの働きがなくては手も足も出ないのですが、一方のタンパクはDNAの暗号から作られるのですから、DNAの存在が不可欠なのです。DNAが先か、タンパクが先か、この関係はニワトリと卵の関係のように生命進化のミステリーとして残されている課題なのです。

RNAワールド

最近、第3の分子、RNAがその謎を解く鍵として注目されています。この分子はDNAを解読するとき、直接タンパクを作るのではなく、いったん暗号を写し取ってタンパク合成の場に運んでくるメッセンジャーボーイの働きをするので、メッセンジャーRNA（mRNA）と呼ばれている大切な分子です。ところが、この分子はDNAと違って1本の鎖でできている分子で、自由に立体構造を作り、ときには化学反応を触媒するような働きをすることがわかってきました。機能的には暗号を書き込むというDNAの

▲マカレウスマダラタイマイ *Graphium macareus* の黒化型（タイ） 右は普通の型。この黒化型はルリマダラの仲間に擬態していると思われる。

機能と、化学反応を触媒するというタンパクの機能を合わせ持つという性質から、生命誕生の初期、DNAとタンパクとの暗号関係が成立するまでの長い期間には、RNAのみが働いて、RNAワールドと呼ばれる期間があったのだろうという説が有力なのです。

働くのはタンパク

RNAワールドと呼ばれる進化の夜明けについてはこのくらいにして、現在につながるDNAワールドに話を戻しましょう。DNAからmRNAを経て合成されたタンパクはどのような性質を持っているのでしょう。タンパクは20種類のアミノ酸から構成されています。アミノ酸は酸とアルカリという2本の手で互いに結び付き高分子を作るという共通の性質を持つとともに、それぞれに個性的な反応基を備えています。反応基は同じ分子の内部で結合して複雑な立体構造を作り、構造の外側に出ている反応基で別のタンパクやDNAや種々の化合物と結合することができます。タンパク同士が結合すれば、互いに構造を変化させて、単独ではできないような働きをすることが可能ですし、DNAと結合すれば、暗号の解読を促進したり抑制したりします。また、タンパクは化合物と結合してそれを分解し、あるいは2種類の化合物を結合するなど、化学反応を触媒することができるのです。後者のタンパクを酵素と呼んでいます。

このように暗号の担い手であるDNAから変身したタンパクは、自由度の高い構造と化学的な反応基の作用で、さまざまの機能を発揮する生命の実現者なのです。タンパクがある機能を持ち、それが細胞にとって役に立つものであれば、その構造は暗号としてDNAに書き込まれ、安定に保存されます。

タンパクの進化——修飾と創造

何度も述べるように、DNAの塩基配列は複製されるたびに一定の低い頻度で変異します。この変化はタンパクの構造に変化を及ぼしますが、DNAの変化はランダムに起こるので、タンパクの変化を予測することはできません。作られた変異タンパクが生き残れるかどうかは、その働き次第なのです。細胞にとって有利な変異は選択されますが、不利なものは捨てられます。しかし、このような変化はそれぞれ特定のタンパクに起こる修飾ともいえるような小さな変化で、新しいタンパクの種類を増やすような大きな進化に貢献することは少ないでしょう。

新しいタンパクが生まれるには、まず暗号であるDNAに大きな変化が起こらねばなりません。そのような変化はやはり複製の過程で起こります。複製をする酵素はうっかり間違って一定の領域を2度、3度繰り返し複製してしまうことがあるのです。その結果、1つの遺伝子が2個にも3個にも重複することになります。こうなるとしめたもの、もとの遺伝子の機能はそのままに使っておいて、重複した遺伝子を自由に変えることができます。もとの遺伝子にあった句読点をアミノ酸の暗号に変えて、遺伝子のサイズを大きくすることも、塩基の変異を蓄積することも自由に起こすことができるのです。実際、この重複によってゲノムのサイズは大きくなり、遺伝子の数は増えました。味覚や嗅覚の遺伝子のように、もとの1個から数十、数百に増えたものもあるのです。

偶然の変異と選択による必然

特定の遺伝子の中で配列が変わる小変異、重複して創造される新しい遺伝子、いずれの場合もDNAの変化はあらかじめ設計されたものでなく無作為に起こるもので、情報がタンパクに翻訳され機能の有用性が検証されて初めて設計図として認められ、すでにある設計図に加えられていくのです。地球上のすべての生物のゲノムに刻まれている命の設計図は、このような無作為の変異と選択によってできあがったものなのです。選ばれた変異は多数の無益な、あるいは有害なものの中から偶然に生まれたものですが、できあがった設計図が優れているとあらかじめ計画されていた必然の結果のように思えるのです。

20世紀の分子生物学は、必然と思えるような生命現象はすべてDNAに起こる無作為な変異が生命によって選択された結果だということを教えてくれました。偶然が生んだ必然こそ、生命の多様性をもたらした進化の原理なのです。多様な生命の中にはできそこないもあり、無数の生物が絶滅したに違いありません。今、進化の頂点にある*Homo sapiens*が地球を破壊したできそこないの絶滅種にならないようにありたいものです。

限られた数の遺伝子を使い回す

大腸菌：4100、酵母：6600、粘菌：12500、イネ：37000、線虫：20000、ショウジョウバエ：15200、ホヤ：15300、メダカ：20000、アフリカツメガエル：30000、マウス：23000、ヒト：25000――。これらの数字は、それぞれのゲノムが持っている遺伝子の数です。ヒトの全遺伝子がバクテリアの6倍、昆虫の1.5倍、魚類とはほぼ同じで、カエルより少ないという数を見てどう思いますか。さらに、バクテリアの遺伝子の500個、昆虫では5000個、魚類では1000個、両生類では1000個が、ヒトの遺伝子と相同の構造と機能を持つ遺伝子群と考えてよいのです。いいかえれば、細胞の成長にかかわるような基本的な遺伝子群、多細胞生物の発生や形態形成を支える遺伝子群は共通なのです。実際、8億年前頃、脊索動物のホヤと昆虫の共通祖先が発生した段階で、形作りの遺伝子群、例えばホメオティック遺伝子群などは完成していたことがわかっています。これらの遺伝子群をうまく使い回しながら、神経系などの新しい遺伝子群を加えて多種多様な生物が生まれました。遺伝子の使い回し、これこそが進化の第2の原理なのです。

可能性には限りがあるが、予見することはできない

アゲハチョウの進化ももちろんこれらの原理に従っています。進化の原動力になった食草の選択・転換は次章に詳しく説明するように、味覚遺伝子のランダムな変異と適応によるものです。高山や寒冷地に適応した白色系の翅のパターンは、形態形成遺伝子の使い回しがたまたま先祖返りのようにシロチョウ科のパターンに似たものが適応したのでしょう。一見、合目的的に見える擬態も、やはり遺伝子の使い回しが偶然同所に生息する毒チョウに似ていたため有利に働いた結果なのです。先祖返り的な変化や、他の科の毒チョウに似たパターンが生じるのは、スウィッチのように限られた数の遺伝子の使い回しには選択の数が限られているからでしょう。遠く離れた地域でそっくりな形態が生まれる現象を平行進化と呼んでいますが、これも共通の遺伝子の使い回しには限りがあり、似た形態が生まれる確率が低くないからでしょう。可能性に限りはあるが予見することはできないのが進化の面白さなのです。

アオジャコウアゲハとその擬態種を求めてアメリカへ

海野和男
UNNO Kazuo

この本の写真を準備するにあたり、ヨーロッパでも日本でもほとんど変わらないキアゲハが北アメリカでは多数の種に分かれていることから、ぜひアメリカのキアゲハを撮りたいと思った。クロキアゲハは雌がアオジャコウアゲハに擬態していることが知られている。アオジャコウアゲハは幼虫が毒草のウマノスズクサを食べるので、成虫にも毒があり、擬態のモデルとなっている。アオジャコウアゲハに擬態する種は多い。擬態はぼくのライフワークであるから、アメリカのアオジャコウアゲハに擬態する種もできるだけ多く撮影したいと思い立った。

アメリカ合衆国は、ぼくにとってあまり馴染みのある国ではなかった。実際、今回までは、西海岸のオオカバマダラの越冬地以外には、セントラルパークでトラフアゲハを撮影したくらいだ。

トラフアゲハは中西部では、雌がアオジャコウアゲハに似て黒くなる。他にクスノキアゲハというトラフアゲハに近い変わった種がいて、これもアオジャコウアゲハに擬態している。このチョウはアゲハチョウ属に近い仲間だが、クスノキ科の植物を食べる変わり者だ。クスノキアゲハはぜひ撮影したいアゲハチョウだった。

思い立ったら行ってみるというのがぼくのやり方で、ほとんど下調べもせずにダラスに飛んだ。ダラスが特によい場所かどうかもわからないが、JALが飛んでいたので切符を用意した。地図を見るとアーカンソー州に森林がよく保全された大きな公園が2つあった。公園といっても東から西まで200km近くもある。インターネットで調べるとアーカンソー州はチョウが多そうだ。アオジャコウアゲハに擬態したダイアナヒョウモン（タテハチョウ科）やアメリカアオイチモンジ（タテハチョウ科）もこの公園にはいるようだから、とりあえずそこを目指すことにした。

▲下2匹はジャコウアゲハ、上はクスノキアゲハ

▲アオジャコウアゲハ *Battus philenor*（表）

▲アオジャコウアゲハ（裏）

クロキアゲハはどこにでもいそうだった。ダラス周辺にもたくさんいそうだ。けれど、実はクロキアゲハの撮影にいちばん手間取り、ついに擬態しているという雌には会うことができなかった。

ダラスにて

ぼくはマレーシアのペナンにあるEntopiaという昆虫を見せる施設でボランティアのキュレーターをやっている。ダラスに行こうと思ったときに、ちょうどEntopiaにいた。話をすると、Entopiaの職員のチンさんが、ダラスのディスカバリーガーデンというチョウを見せる施設のジョンに聞いてみたらと、すぐにメールを出してくれた。

ジョンさんのすすめで、空港へ着いてすぐにダラス郊外のグレープバイン湖に行った。ここではクロキアゲハとアオジャコウアゲハを撮影できると思った。初日にとりあえず押さえればあとが楽だ。ところが、暑いせいもあって、クロキアゲハらしいアゲハを2匹見ただけで、すごく疲れてしまい、とても撮影にはならなかった。

そこで、ディスカバリーガーデンのジョンさんに会って情報を得ようと、午後に訪ねた。ディスカバリーガーデンは

▲アオジャコウアゲハがたくさんいたネムノキ

▲アメリカアオイチモンジ *Limenitis arthemis*（表）

▲アメリカアオイチモンジ（裏）

モルフォチョウやドクチョウがメインのグラスハウスで、なかなか見応えのある施設だったが、ネイティブのチョウは飼っていない。敷地内にバタフライガーデンがあって、花が植えられている。ここはなかなかよさそうだ。グレープバイン湖で苦戦したので、花がある場所で撮影するしかないと思った。アオジャコウアゲハがいるというので、翌朝、オープン前に入れてもらった。6時間ほど炎天下で狙ったけれど、アオジャコウアゲハは雄が2匹だけ飛んでいて、それが行ったり来たりしているだけだった。

アオジャコウアゲハは擬態のモデルとなる毒チョウだから、てっきり飛翔はゆっくりだと思ったが、それは間違いだった。とてもジャコウアゲハの仲間とは思えないスピードで飛んでいて、テリトリーを張り、すごいスピードで他の雄を追いかける。なんとか庭の花に来ているカットを撮影することができた。

しかし、いちばん見たかったアオジャコウに擬態したクスノキアゲハは、ダラスにはいないらしい。ジョンさんはフィールドにはほとんど出ないらしく、あまり情報は得られなかった。さて、これからどうしたものかと途方に暮れたが、翌朝から最初の計画通りにアーカンソー州方面に行くことにした。頼りはグーグルマップと分布図だけだ。

クロキアゲハをもとめて

ダラスを朝早く出て北西に向かう。オクラホマ州に近いテキサスのパリまでは車で3時間弱で行くことができた。クロキアゲハの記録のある自然保護区を目指した。途中にネムノキがあったので寄ってみると、たくさんのアオジャコウアゲハが花に来ていた。前日にダラスのディスカバリーガーデンの庭でも、アオジャコウアゲハが速く飛ぶのにびっくりしたが、雄はものすごいスピードで飛びまわったり、追いかけ合いをしたりと、その活発さに驚く。求愛シーンも観察できたのはよかった。毒のあるチョウがこれほど速く飛ぶのを見たことはなかったので、よい経験になった。ダラスでは2匹しか見なかったが、ここでは10匹以上のアオジャコウアゲハが花に集まっていた。こんなことなら、ダラスで時間を潰さないで、まっすぐにここに来たほうがよかったとい

▲クスノキアゲハ *Papilio troilus*

▲ダイアナヒョウモン *Speyeria diana*（雌）

▲トラフアゲハ *Papilio glaucus*（雌）

▲クロキアゲハ（メスグロキアゲハ）*Papilio polyxenes*（雄、裏）

うのは結果論だから仕方がない。

クロキアゲハがいそうな草地に車を止め、歩いていくとセリ科植物がたくさん見られた。けれど、もう枯れかけていて、クロキアゲハは、ぼろのオスが1匹テリトリーを張っていただけだった。しかし、会うのが難しいと思っていたクスノキアゲハが何匹か現れた。アオジャコウアゲハに擬態したアメリカアオイチモンジも1匹だけいた。翅の裏も赤い斑点があり、表よりむしろ裏がアオジャコウアゲハに似ていると思った。大型のイチモンジチョウで、飛び方はオオイチモンジを思わせる。けっこう臆病なチョウで、逃げるとなかなか戻ってこない

クスノキアゲハも表より翅の裏面がアオジャコウアゲハにそっくりのように思った。クスノキアゲハの飛翔はゆっくりで、アオジャコウアゲハのほうが速い。普通はモデルの毒チョウがゆっくり飛ぶので、擬態種もゆっくり飛ぶようになったと解釈する。いままで、擬態のモデルが擬態したチョウより速く飛ぶのは見たことがなかった。クスノキアゲハの食草のクスノキ科は香りの強い植物だ。日本のクスノキからは樟脳がとれる。クスノキアゲハにも毒があるのではと疑いたくなる。ここで2日間過ごしたが、クロキアゲハの雌は残念ながら現れなかった。まあクロキアゲハはいずれ撮れるだろうと、たかをくくっていた。

北アメリカのチョウを再確認

翌日はアーカンソー州に入り、森林公園を目指した。道路際のフジバカマにアオジャコウアゲハとクスノキアゲハが多くいる場所があった。ここは車が止めにくいのが難点だったので、20kmぐらいを行ったり来たりして撮影した。なんとアオジャコウアゲハに擬態したダイアナヒョウモンの雌にも出会えた。会えたらよいなと思っていたが、難しいとも思っていたチョウだ。夕方になって、これまた撮れたらよいくらいに思っていたトラフタイマイが現れた。思っていたより大きな立派なチョウで、大変優雅に飛ぶ。これには感激した。次の日も午後2時頃まで同じ場所に行った。アオジャコウアゲハに擬態したトラフアゲハの雌が1匹だけ現れ、なんとか撮影ができた。これでクロキアゲハを除き、ほぼ目的が達せられたことになった。

翌日からはさらに北や西を目指した。どこでもクスノキアゲハやアオジャコウアゲハは多く見られ、オオタスキアゲハもネムの花に来ていたが、セリ科植物はけっこうあるのにクロキアゲハはついに現れなかった。

残りの日も少なくなり、ダラスへの帰途、往きに行かなかった草地のある自然保護区に寄ってみた。そこではクロキアゲハの雄が1匹だけテリトリーを張っていた。クスノキアゲハが草原のクスノキの仲間に産卵していた。葉はクスノキ科独特の匂いがする。最後に、往きにクロキアゲハのぼろを撮影した草地に行ってみた。幸運なことに、比較的きれいなクロキアゲハの雄が現れ、撮影することができた。花に来ている姿を見ていると、翅の裏は雄もアオジャコウやクスノキアゲハに似ていると思った。

今回の旅はクロキアゲハの雌が見られなかったのが唯一の心残りだったが、行き当たりばったりの旅にしてはかなりの成果が上がり、目的としたアオジャコウアゲハ擬態種もほぼすべて見られたのは嬉しかった。また、アメリカのチョウについての自分の知識のなさも大いに反省することになった。

この文章を書いていて、擬態の研究者として著名なLincoln P. Browerさん（p.39参照）が、アオジャコウアゲハの研究もやっていたことを思い出し、ネットで検索したら、なんと昨日（2018年7月17日）、86歳で亡くなられたという記事に行きついた。最後にお会いしたのは25年以上前のことだ。ご冥福をお祈りしたい。

第3章

種分化の仕組みを探る

1. 自然から実験室へ

この章では、これまでとガラッと変わって、読者の皆さんをアゲハチョウが飛び交う自然から、アゲハチョウを飼育し観察し実験して、自然の仕組みを解く努力をしている研究室へと誘います。研究室のテーマは〈アゲハチョウの食草選択の仕組みを解く〉です。主役はナミアゲハ、脇役はキアゲハ、クロアゲハ、シロオビアゲハ、ミヤマカラスアゲハ、ギフチョウ。どれも馴染みの深いアゲハチョウの仲間です。

▲ジャン=アンリ・ファーブル Jean-Henri Casimir Fabre（1823- 1915）

第1章では世界中に生息するアゲハチョウを紹介し、約8000万年前に現れた1種の祖先種から順次種を増やしていって、300種ものアゲハチョウ科という大家族ができあがる過程を詳しく説明しました。種が変化することを種分化、種分化によって種が増えることを多様化と呼びました。一般に種が変わるときには2種に分岐しますから、種分化は多様化とほとんど同義と考えてよいでしょう。分岐した姉妹や兄弟には遺伝情報の交換が行われなくなるので、それぞれが持つゲノムDNAは独立に変化していきます。その変化量を解析することによって、兄弟がいつ分岐したのかを推定することができたのです。

すみわけの仕組みを探る

兄弟姉妹がそれぞれ新しい種になる、すなわち種分化が起こるには、すみわけが起こって、性的に隔離される必要があります。この章のテーマである種分化の仕組みを探ることは、すみわけが起こる仕組みを探ることにほかなりません。すみわけという言葉からは、地理的あるいは気候的な物理的原因がまず考えられます。ジャコウアゲハ族やカラスアゲハ亜属の多くはインドネシアなどの熱帯地方の島嶼に隔離されて種分化が起こりましたし、ウスバアゲハの仲間は寒冷の気候に順応することを覚えて亜寒帯、寒帯に勢力を拡大し、高山によって隔離されて種を分化することもありました。

しかし、種分化・多様化に最も影響を与えたのは食べ物でした。アゲハチョウの幼虫は祖先種が生まれたときから偏食で、特定の科の植物しか食べませんが、長い進化の歴史の中で何度かその食草を転換しており、それにともなって新しい種が生まれたことをお話ししました。ウマノスズクサ科植物を食べていた原始的な種から、クスノキ科に移ってアオスジアゲハ族が生まれ、ケシ科に転換したものからウスバアゲハ族が生まれ、ミカン科に移ったものはアゲハチョウ族として発展し、というように食草転換によって族単位の大きな種分化・多様化が起こっているのです。最後にミカン科からセリ科植物に食草を転換し、北半球に大発展を遂げたキアゲハ亜属の出現はドラマチックですらありました。

食草を変えることは、生息環境や産卵行動、さらには世代交代の時期や時間までを変化させ、もとの種との間に性的な隔離を生じさせて、種分化に至ると考えてよいでしょう。食草選択と転換は、種分化の出発点になるのです。数百万年単位の種分化を再現することは不可能ですが、その引き金となった食草選択と転換の仕組みは、研究室で解くことができるのではないかと多くの研究者

図13 クロアゲハの前脚第5跗節（顕微鏡写真）

▲雌雄の差が明瞭なクロアゲハを示した。雌の跗節の裏側、赤い楕円で囲んだ領域に黄色の細い毛が多数観察される。これら感覚毛は黒く硬い剛毛で保護されている。一方、雄には剛毛以外の細毛はまったく存在しない。（撮影:尾崎克久）

図14 ナミアゲハ雌チョウ第5跗節の感覚毛（走査型電顕写真）

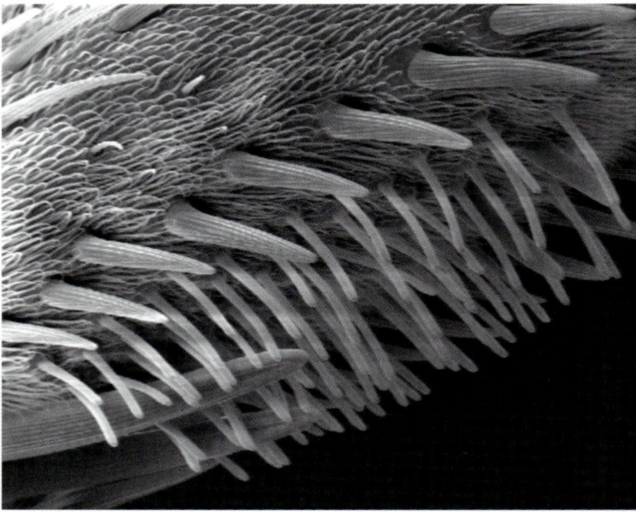

▲太い剛毛の横に約100本の柔らかい感覚毛が存在する。先端には直径1μ程度の穴が開いていて、化合物を吸収する。（撮影:龍田勝輔）

が考え、実践したのです。

ファーブルの観察と実験

チョウの食草選択能力は本能であると看破したのは120年前、フランスのアビニョン地方に住んでいた博物学者アンリ・ファーブル（Henri Fabre）でした。彼はキャベツチョウと綽名されるモンシロチョウの幼虫は、キャベツが栽培される前には何を食べていたのかに興味を持ち、卵から孵化したばかりの青虫にモンシロチョウが成育する地域のいろいろな植物を与えてみました。その結果、青虫はキャベツと同じアブラナ科植物のみを選んで食べたのです。この事実に勇気付けられたファーブルは、モンシロチョウの産卵行動を徹底的に調べました。その結果、モンシロチョウは多種類のアブラナ科植物に産卵し、それ以外の植物にはまったく産卵しないことを発見したのです。ファーブルは、花や種子がついていないときには植物学者でも見極めが難しいアブラナ科植物をチョウは間違いなく見つけ出すことを確認し、〈学問が間違いをやる場合でも、本能は誤りをおかさないものだ〉と書いています（山田吉彦・林達夫訳《ファーブル昆虫記》10巻、キャベツの青虫より、岩波文庫、1993）。

このようにファーブルは自然での観察に加えて多くのアブラナ科植物をテストする実験によって、モンシロチョウがアブラナ科植物を選択する能力があることを実証し、その能力は学習に依存せず母蝶に生来備わっている本能であると提唱したのです。120年後の現在、私達はアゲハチョウをはじめ多くの狭食性（偏食家）のチョウが、それぞれ限られた食草を選択する能力を本能として持っていることを知っています。しかし、そのような能力が本能として遺伝する仕組みについてはまだほとんどわかっていないのです。

2. 食草選択行動の仕組みに迫る

食草選択能力は、遺伝学の対象となる花の色や形といった単純な形質ではなく、チョウが食草を見つけて産卵に至るまでの多くの機能の組み合わせによって可能になるものです。これを理解するには、産卵に至る一連の過程を詳細に分析し、それらにかかわる遺伝子群を明らかにするという、気の遠くなるような研究が必要なのです。

前脚で叩いて味見をする

ファーブルの発見から三十数年後、ドイツの研究者は、アゲハチョウなどが産卵するときに食草に止まってその葉の表面を前脚で叩いている行動を観察し、これを〈ドラミング行動〉と名付けました。ドラミングした植物が食草の場合は産卵行動に移り、そうでない場合には飛び去るのです。この食草識別とも見える行動の発見は2種類の研究へと展開しました。

1つは前脚の構造についての研究です。チョウの脚は跗節と呼ぶ6個の節に分かれていますが、前脚の根元から数えて5番目の跗節に数十本の感覚毛が生えているこ

▲人工の葉に産卵中のナミアゲハ 市販の緑の人工葉にウンシュウミカンの搾り汁や産卵誘導物質を塗抹すると、雌チョウは生葉と間違えてドラミングしながら産卵する。（撮影：尾崎克久）

とがわかりました（図13）。これは雌チョウの特徴で、雄には痕跡的にしか生えていません。この毛を走査型の電子顕微鏡で調べると、毛の先端に1μ程度の穴が開いているのが見え、これは他の昆虫の口器に存在する味覚神経細胞と同じ機能を持つ相同の器官であることがわかりました（図14）。

第2は、ドラミングによって識別される食草の葉の表面に染み出している物質を探る研究です。この仕事にはあらかじめいくつかの準備が必要です。

まず、母蝶の野外での産卵行動を、実験室で再現しなければなりません。試行錯誤の結果、アゲハチョウは50cm四方くらいのケージがあれば自由に飛びまわることができ、食草の生葉を瓶に挿して与えれば、自然に飛来して産卵することがわかりました。この際、野外と同じように、午後、吸蜜を済ませた満腹状態で、比較的強い光を与えると、効率よくドラミングとそれに続く産卵行動を観察することができます。野外で採集した雌チョウはほとんど交尾を済ませているので、1～2日間飼育環境に馴らせばよく産卵しますし、幼虫から飼育して実験室で羽化したチョウはハンドペアリングで交尾させたのち、3～4日で活発に産卵することがわかりました。

次は、生葉にかわる擬似餌の準備です。食草の葉にはさまざまな有機物が含まれており、なかには水に溶けにくい物質もありますので、普通は生葉をメタノールに浸けて水溶性と脂溶性の有機物を抽出します。メタノールを蒸発させて取りのぞいたエキスを、いろいろなものに塗りつけて擬似餌を作るのですが、実験に使う濾紙よりも園芸用のプラスチックの緑の葉の模型が優れています。ピンセットで挟んだ濾紙や、手にした模型の擬似餌に盛んにアゲハチョウが産卵する様子は、子供達の夏休みの研究室見学会における目玉イベントです。

ミカンの葉に含まれる特別な成分が産卵を誘導する

準備が整ったら、いよいよ生化学者の出番です。メタ

▲ミヤマカラスアゲハの産卵 *Papilio maackii*（長野県）

ノール、ブタノールなど種々の溶媒とクロマトグラフィーという分離技術を用いて、食草であるウンシュウミカンの生葉のエキスに含まれる数十種類の有機物を、それぞれ単体にまで分離・精製し、構造を決定するのです。この高度の技術と強い忍耐力を駆使して、1990年代、京大の西田律夫と広島大の本田計一のグループはナミアゲハ、クロアゲハ、シロオビアゲハ3種の産卵誘導物質を完全に決定するという世界に誇れる成果を報告しました（原著論文8）。

研究者を驚かせたのは、これらのアゲハチョウが産卵行動を起こすには5種類以上の化合物のブレンドを必要としたことでした。さらに3種のアゲハに共通なのは2種類の化合物だけで、残りはそれぞれのチョウに特異的な化合物だったのです。このことはあとで種分化を考えるときに重要な要素になるので、記憶しておいてください。

全体では十数種類にのぼる化合物は、アミノ酸からの誘導物、核酸成分からの誘導物、フラボノイド誘導物、糖類の誘導物などです。これらの化合物のもとになるアミノ酸、核酸成分、フラボノイド、糖類などは植物の生育に必須な物質で、これらを1次代謝物質と呼びます。植物には1次代謝物質を原料にして少し構造を変えたさまざまな誘導物質を合成する能力があります。これらは植物の生育にとって必須ではないので、2次代謝物質と呼ばれており、植物の色、匂い、味などの成分として植物と関係を持つ動物や昆虫に対する誘引や忌避のシグナルとして働いているのです。植物は自力で移動することができないので、同じ環境にある昆虫や動物とのコミュニケーションに必要な多様な化学物質を合成する能力を進化の過程で獲得しているのです。

忌避物質には毒性の強いものがあります。アゲハチョウの中にはジャコウアゲハ族の幼虫や成虫のように食草のウマノスズクサ科植物に含まれるアリストロキア酸などの毒性の強いアルカロイド系の成分に耐性を獲得し、これらを体内に蓄積して鳥などに捕食されないように進化しているものもあります。アリストロキア酸はジャコウアゲハの産卵誘導にも役立っているのです。

ウンシュウミカンに含まれる産卵を誘導する物質の中で、クロアゲハ、シロオビアゲハ、ナミアゲハに共通な2つの成分は、シネフリンとスタキドリンというやはりアルカロイドの1種で、ヒトに対しても弱毒性があるといわれています。これらの例のように、本来植物が自己防衛のために合成している2次代謝物質を、食料として巧みに利用しているのですから、アゲハチョウは大なり小なり捕食者には有毒な毒チョウだといえるでしょう。

3. 産卵誘導に働く遺伝子を求めて

ファーブルが提唱したように、チョウの食草選択能力は生まれつきチョウに備わっている本能です。従ってその本能はゲノムDNAに書き込まれていて親から子、孫へと遺伝していくのです。食草選択にはチョウが食草にたどりつくまで、視覚や嗅覚などが働いていると思われますが、食草に接近したときには前脚で食草の表面を叩くというドラミング行動が深くかかわっていることがわかりました。そしてこの行動に使われる前脚の構造と働きを詳しく解析した結果、雌の第5跗節には特殊な感覚毛があり、その中に味覚神経細胞が存在して、食草の表面に浸出した数種類の化合物を識別していることがわかったのです（図14、15）。

本能や行動を遺伝子で解き明かすことは非常に困難ですが、味覚細胞による化合物の識別という細胞や分子レベルの現象になると遺伝子に近づいていることが見えてきました。その手掛かりになったのは受容体というタンパクでした。

▲クロアゲハの産卵 *Papilio protenor*（長野県）

味覚受容体とその遺伝子

受容体というのはあらゆる細胞の表面にあって、外界のシグナルを受け取り細胞内部に知らせるタンパクで、細胞が生きていくための重要な働きをしています。成長ホルモンをシグナルとする受容体は多くの細胞に備わっていますが、細胞ごとに異なる受容体を備えていて細胞に特殊な能力を与えているものがあります。例えば、神経細胞に属する視覚細胞には光をシグナルとして受け取る受容体があり、嗅覚細胞には匂い物質に対する受容体があるなど、それぞれシグナルを受けると神経を通して脳に光や匂いの刺激を伝達するのです。受容体は細胞の窓のような働きをしているといえるでしょう。

線虫のような下等な動物からヒトまで、あらゆる動物には1000種類もの受容体が働いています。驚くことにこれらの受容体の遺伝子は、もともと1種類の遺伝子から重複進化した大きなファミリー遺伝子なのです。視覚の受容体であるロドプシンの遺伝子は、昆虫もヒトも驚くほどよく似た構造をしていることがわかっています。一方、昆虫にとって味覚と嗅覚は特に重要な能力ですから、多くの研究者が受容体の研究に取り組んだのですが、長い間どうしても見つけることができませんでした。

2000年は昆虫研究者にとって記念すべき年になりました。アメリカを中心にした世界の研究者の協力によって、ショウジョウバエの全ゲノムが解読されたのです。ショウジョウバエは、1900年頃に天才研究者モルガン（Thomas Morgan, 1866-1945）によって遺伝学の研究に導入されて以来、遺伝学の発展に最も寄与してきたモデル生物です。モルガンとその弟子たちは、遺伝子が染色体上に存在し、X線のような電磁波によって破壊されることを発見して、遺伝子が物質であることを初めて証明しました。この研究が50年後のワトソン（James Watson, 1928-）とクリック（Francis Crick, 1916-2004）によるDNAの発見への道筋を作ったのです。ショウジョウバエは1世代が20日ほどと短く、大量に飼育でき、自然にも人工的にも突然変異種が多数得られることから、さまざまな形質の遺伝学的研究に用いられました。最も有名なのは、第2章で述べた形作りの遺伝子、ホメオティック遺伝子の発見でしょう。1990年代にヒトゲノムプロジェクトが開始されたとき、ヒトに先駆けて、というよりその試し台としてショウジョウバエゲノムの解読が行われたのは自然ななりゆきでした。

全長1億4000万塩基対のゲノムを手中にして、昆虫研究者はコンピューターの力を借りながら、眼を皿のようにして、味覚と嗅覚の受容体遺伝子を探索しました。受容体遺伝子は共通性の高いファミリー遺伝子ですから、視覚やホルモン作用や神経伝達にかかわる受容体はDNA配列に70～80%の類似性があって容易に見つけることができました。ところが、目的とする味覚と嗅覚の受容体は見つからないのです。そこでやむなく類似性を20%程度に下げて困難な作業を続けたところ、ついに味覚と嗅覚それぞれ約50個の受容体遺伝子をゲノムの中に見つけることができました。昆虫の受容体は非常に多様性に富む特別な進化を遂げていたのです。

この成果を手掛かりに研究が進み、昆虫の味覚・嗅覚などの化学物質に対する感覚受容体は、細胞の表面膜を7回出入りする膜貫通型のタンパクで、細胞の外側で化学物質と結合し、細胞の内側で刺激を伝達するタンパクであることが明らかになりました。この性質は、光の受容体や脊椎動物の味覚・嗅覚受容体と共通なのですが、遺伝子の配列の変化が激しく、独自に進化した遺伝子ファミリーとして分類されています。

アゲハチョウのシネフリン受容体を発見する

2001年、JT生命誌研究館に職を得て吉川の研究室に加わった尾崎克久はナミアゲハの食草選択にかかわる遺伝子を発見しようとして、昆虫の味覚遺伝子の多様性に富む特徴によって、非常に厳しい試練に直面しました。モデル生物ではないアゲハチョウには、ゲノムの情報がまったくなかったからです。ある特定の遺伝子を見つけようとしたら、すでにわかっている同じ機能を持つ他の生物の相同遺伝子を餌にして、目的の遺伝子を釣り上げることができます。あらかじめナミアゲハのゲノムを細胞から抽出してずたずたに切っておいて、そのプールの中に既知の遺伝子を入れると、構造（塩基配列）が似ていれば互いに結合するので目的の遺伝子を釣り上げることができるのです。アユの友釣りのようなあんばいです。当初は、ショウジョウバエの味覚受容体遺伝子の1つを餌にして、ナミアゲハの相同遺伝子を釣り上げようと目論んでいたのですが、構造の違いが大きいのかまったく役に立たなかったのです。尾崎は戦術を変え、ナミアゲハの前脚第5跗節で働いている遺伝子を網羅的にクローニング（分離・精製して単一成分にする）し、片端からDNA配列を決定するという難事業に取り組みました。いくつか候補となる遺伝子を発見し、その中の1つが産卵誘導化合物の1種であるシネフリンの受容体であることを証明することができました。論文がイギリスの学術雑誌に採用されたのは研究を始めてから実に10年目のことでした（原著論文9）。

この発見によって、チョウの食草選択能力は受容体遺伝子とその産物、すなわち味覚の受容体の働きによることが初めて明らかになりました。ファーブルが指摘した通り、〈学問〉よりも確かなのは遺伝子の働きでした。だからこそ、それは親から子に継承され、学習の必要なしにチョウに本来備わっている本能の働きだったのです。

本能は進化するでしょうか？

19世紀末の知の巨人ダーウィンとファーブルは頻繁に手紙を交換し、実験方法を提案するなど、互いを深く尊敬し合う間柄でしたが、本能が進化するかどうかについては意見が対立していました。ダーウィンはアリやハチが社会性を獲得する過程を本能の変化として進化論の根拠に採用していますが、ファーブルはそれに強く反撥しています。ファーブルには、餌となる青虫の神経節を刺して麻痺させる外科医にも勝るハチの行動や、アシナガバチの工学的に完璧な巣作りの能力などが、漸次少しずつ変化した結果、自然により選択された能力だとはとても信じられなかったのです。チョウやガの食性についても論じており、ファーブルには、種にとって有利な雑食性から、特定の植物を偏食する狭食性の種に進化することなどとうてい考えられなかったようです。

21世紀の今日、本能の進化について疑いを持つ学者はいないでしょう。動物のどのような複雑な本能行動でも、遺伝子の働きによって説明できると信じているからです。しかしそれを証明する研究は少なく、動物の哺乳行動をコントロールするホルモンや、ハエの求愛行動の遺伝子の発見など未だ限られています。最近、全ゲノムの解読によって、北米産のオオカバマダラの〈渡り行動〉にかかわる複数の遺伝子が発見されたことなどは画期的な研究だといえるでしょう。

尾崎らのシネフリン受容体遺伝子の発見が世界的に高く評価されたのは、この遺伝子が食草選択というチョウにとって生存にかかわる重要な本能行動を支える鍵となる遺伝子であり、その変化によって食草が変化し、すみわけを促し、種分化にまで至る遺伝子的な仕組みがあるという可能性を示唆しているからです。

食草選択が種分化を起こすことを証明できるか？

産卵誘導を起こす味覚性の受容体遺伝子は、前に述べたように多様性に富む大きな遺伝子ファミリーです。実際、尾崎らはその後の研究で、ナミアゲハ、クロアゲハ、シロオビアゲハについて産卵誘導物質の認識に働いていると予想される味覚性受容体遺伝子をそれぞれ、11種、12種、2種発見しています。シロオビアゲハの研究はまだ進行中ですが、最終的にはおそらく10種類程度はあるものと思われます。それらが認識する産卵誘導物質はまだわかっていませんが、それぞれの母蝶の産卵に必要な化合物の数より受容体遺伝子のほうが多いのは不思議なことです。それらは産卵誘導とは別の働きをしているのかもしれません。

予想通り複数の受容体遺伝子は互いに似て非なる構造を持っており、これらのチョウが分岐してから3000万年ぐらいの期間に著しくDNA配列が変化したことを示しています。このことは、種分化にとって受容体の変化が重要な役割を担っていることの証拠だといえるでしょう。

上に挙げた3種のアゲハチョウは、どうして複数の産卵誘導受容体遺伝子を持っているのでしょう。また、それは食草選択にどのように働き、食草選択の変化や種分化にどのような意味を持っているのでしょう。先に述べたように、ナミアゲハ、クロアゲハ、シロオビアゲハの3種はどれも5種類以上の化合物のブレンドが産卵誘導には必要で、その中で3種のチョウに共通なのはシネフリンとスタキドリンの2種類だけなのです。おそらくこの2種類はミカン科植物のシトラス属に普遍的に多く含まれているもので、共通でない化合物はミカン科の中でも種によって含有量が異なり、それぞれの種を特徴付けることができる物質ではないかと思われます。実際、ナミアゲハはミカン科の中でもサンショウ、カラタチ、キハダを好み、クロアゲハはカラスザンショウ、ウンシュウミカン、ハマセンダンを、シロオビアゲハはサルカケミカン、ヒラミレモンというように、好みを変えてすみわけているのです。ミカン科食草の成分とアゲハチョウの食草の好みを網羅的に調べることができれば、食草選択による種分化のメカニズムをさらに詳しく解き明かすことができるでしょう。

クロアゲハとミヤマカラスアゲハの奇妙な食草関係

具体的な研究の一例を紹介しましょう。クロアゲハとそれに近縁の美麗種ミヤマカラスアゲハについて、次のような興味深い研究があるのです。

ミヤマカラスアゲハはミカン科植物のキハダを好んで食草としています。一方、クロアゲハはキハダを拒絶して、産卵することは絶対にありません。ところが面白いことに、クロアゲハの幼虫に強制的にキハダを与えると、拒否することなく摂食し、普通に成虫になることができるのです。キハダはクロアゲハの産卵行動にのみ阻害的に働いているのです。この観察から広島大の本田のグループは次のような研究を行いました（原著論文10）。

本田らはキハダにはミヤマカラスアゲハの産卵を誘導する物質とクロアゲハの産卵を阻止する物質が含まれていると想定し、化合物を追跡しました。その結果、意外にも産卵誘導と産卵阻止の反対の働きをしていたのはキハダに特徴的に含まれるフラボノイド化合物の1種、フェラムリンという同じ物質だったのです。すなわち、人工葉にフェラムリンを付けるだけで、ミヤマカラスアゲハは正常の70%の産卵活性を示し、反対にクロアゲハの産卵を誘導する物質に0.2%と少量のフェラムリンを添加しただけで、クロアゲハはまったく産卵しなくなったのです。また、キハダの抽出エキスからフェラムリンをのぞいた溶液を用いると、クロアゲハは正常に産卵することができました。

尾崎らがナミアゲハで証明したように、もしクロアゲハとミヤマカラスアゲハ両方の前脚跗節の感覚毛の中の細胞でフェラムリンに対する受容体が働いているとすると、クロアゲハの場合は産卵を拒否する細胞で、反対にミヤマカラスアゲハでは産卵を誘導する細胞で働いていると考えられます。受容体の遺伝子には受容体タンパクを作る情報とともに、その遺伝子がどの細胞で働くかを決める制御情報が含まれています。前脚跗節の感覚毛の中には3－4個の細胞が含まれていて、産卵誘導と産卵忌避との役割を分担しており、チョウにとって有用な食草と有毒な植物を見分けていることが知られています。この場合、同じフェラムリンという化合物に対する受容体が産卵誘導細胞で働くか、産卵忌避細胞で働くかの違いによって、食草が有益だというシグナルとなるか、有毒だというシグナルとなるかが選択されるのです。

クロアゲハとミヤマカラスアゲハの場合、どちらの幼虫もフェラムリンを含むキハダを好んで食べ、正常に成育しますから、祖先のアゲハではフェラムリン受容体は産卵誘導細胞で働いていたと考えられます。ところが進化の途中で、受容体遺伝子の制御情報に変異が起こって、産卵忌避細胞で働くようになると、そのチョウはキハダに産卵することができなくなり、フェラムリンを含まない近縁のミカン科植物を選択するように変化します。たった1つの遺伝子の制御情報の変化が、キハダ派と反キハダ派の2種類のアゲハチョウを生むきっかけとなると想像できるのです。

この1つの遺伝子に起こった小さな変化が種分化に至るには、この変異が染色体の上で遺伝的に固定され、その集団が増えて性的隔離が確立し、クロアゲハとミヤマカラスアゲハが進化するまでの遠い道のりを経なければなりません。残念ながら、研究者はまだその長い過程を追跡する手段を持っていませんが、この2種類のアゲハチョウのフェラムリン受容体の遺伝子を明らかにし、その制御情報のどのような違いが誘導と忌避の違いを生み出しているかを解明することができれば、食草転換の始まりを解く大きな1歩となるでしょう。

アゲハチョウのさまざまな卵の形

▲ギフチョウ

▲ウスバアゲハ

▲ジャコウアゲハ

▲ムモンアケボノアゲハ

▲ヘレナキシタアゲハ

▲マネシアゲハ

▲キアゲハ
▲シロオビアゲハ
▲ナガサキアゲハ
▲ナミアゲハ
▲オビモンアゲハ
▲アオスジアゲハ

▲ウスバアゲハ *Parnassius citrinarius*（長野県）
◀アポロウスバアゲハ *Parnassius apollo*（フランス）
▼アカボシウスバアゲハ *Parnassius bremeri*（韓国）

▲ヒメウスバアゲハ *Parnassius stubbendorfii*（北海道）
▶ホソオチョウ *Sericinus montela*（雌、春型）（埼玉県）
▼ホソオチョウ（埼玉県）

▲▼▶アオジャコウアゲハ *Battus philenor*（雄）（アメリカ）

▲▼アオジャコウアゲハ（雌）（アメリカ）

▲キオビアオジャコウアゲハ *Battus polydamas*（ブラジル）
▶ベルスアオジャコウアゲハ *Battus belus*（ペルー）

▼フォチヌスナンベイジャコウアゲハ *Parides photinus*（コスタリカ）

▼アガブスナンベイジャコウアゲハ *Parides agavus*（ブラジル）

▲キューバマエモンジャコウアゲハ *Parides gundlachianus*（キューバ）
▶シロモンマエモンジャコウアゲハ *Parides iphidamas*（コスタリカ）
▼アンテノールオオジャコウアゲハ *Pharmacophagus antenor*（マダガスカル）

▲▼シロモンアケボノアゲハ *Atrophaneura zaleucus*（タイ）

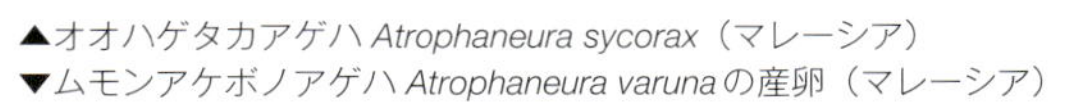

▲オオハゲタカアゲハ *Atrophaneura sycorax*（マレーシア）
▼ムモンアケボノアゲハ *Atrophaneura varuna* の産卵（マレーシア）

▲ジャコウアゲハ *Atrophaneura alcinous*（雌）（神奈川県）
▶ダサラダベニモンアゲハ *Atrophaneura dasarada*（タイ）
▼オオベニモンアゲハ *Atrophaneura polyeuctes*

▲ホソバジャコウアゲハ *Atrophaneura coon*（マレーシア）
▼ベニモンアゲハ *Pachiliopta aristolochiae*（マレーシア）

▲ヘクトールベニモンアゲハ *Atrophaneura hector*（スリランカ）
▼オナシベニモンアゲハ *Pachiliopta polydorus*（オーストラリア）

▲左・右：サビモンキシタアゲハ *Troides hypolitus*（インドネシア）
▼クサビモンキシタアゲハ *Troides cuneifera*（マレーシア）

▲アンフリサスキシタアゲハ *Troides amphrysus*（雌の羽化）（マレーシア）
◀▼アンフリサスキシタアゲハ（雄）（ボルネオ）

▲ヘレナキシタアゲハ産卵 *Troides helena*（マレーシア）
◀ヘレナキシタアゲハ（羽化後のおしっこ）（マレーシア）
▼ヘレナキシタアゲハ（雌）（ボルネオ）

▼ヘレナキシタアゲハ（マレーシア）

▲キシタアゲハ *Troides aeacus*（タイ）
▶パプアキシタアゲハ
Troides oblongomaculatus（パプアニューギニア）

▲ミランダキシタアゲハ
Troides mirandus（スマトラ）
▶フィリピンキシタアゲハ
Troides rhadamantus（雌）（フィリピン）

▲アカエリトリバネアゲハ *Trogonoptera brookiana*（マレーシア）

▲アカエリトリバネアゲハ（マレーシア）

▲▼アカエリトリバネアゲハ *Trogonoptera brookiana*（マレーシア）

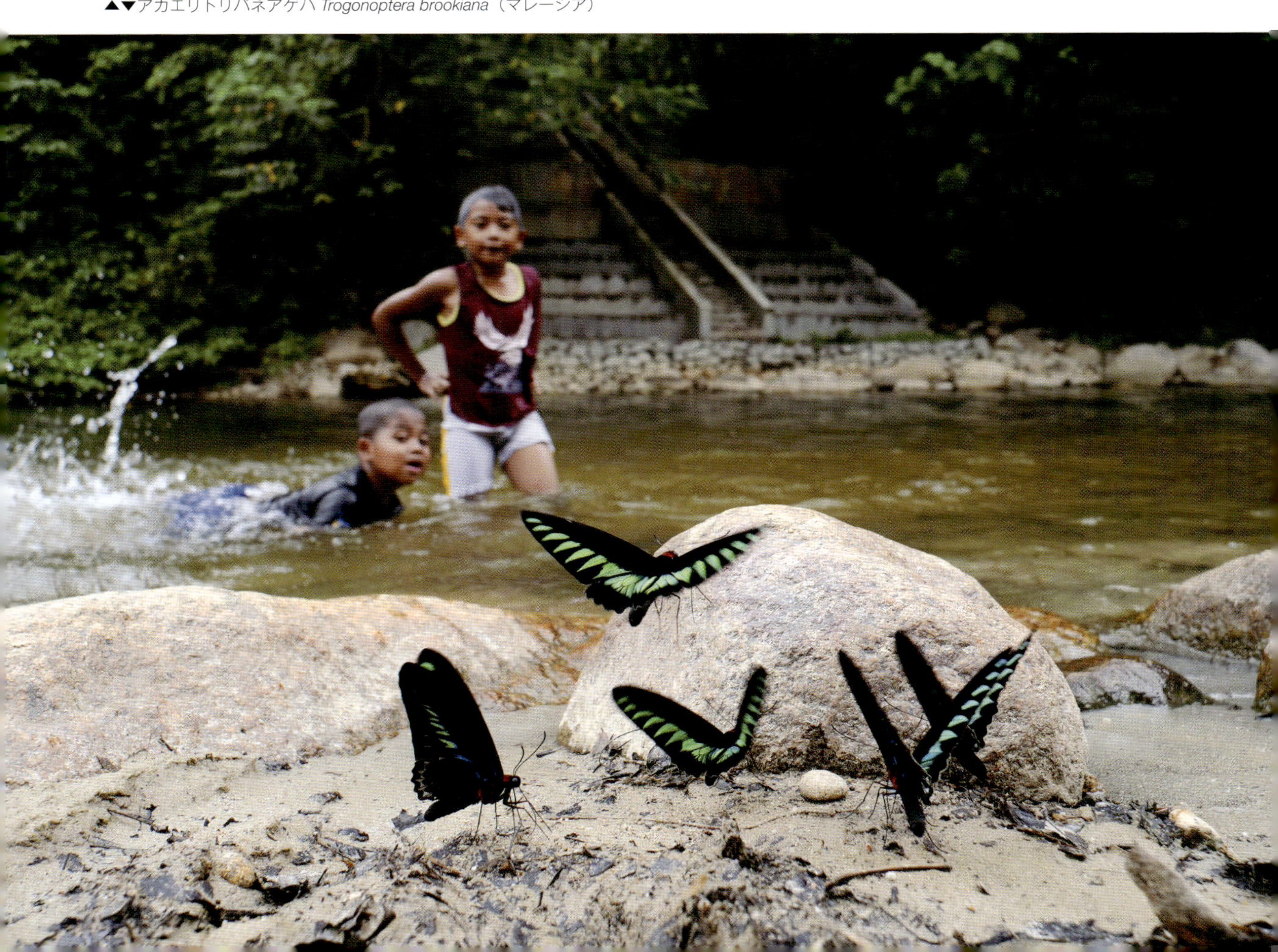

▲アカエリトリバネアゲハの産卵（マレーシア）
Trogonoptera brookiana
◀アカエリトリバネアゲハ（雌）（マレーシア）

◀ゴライアストリバネアゲハ *Ornithoptera goliath*（インドネシア・セラム）
▼アカメガネトリバネアゲハの産卵 *Ornithoptera croesus lydius*（インドネシア・バチャン）

◀▲ケアンズメガネトリバネアゲハ *Ornithoptera euphorion*
（オーストラリア）

◀▲アオメガネアゲハ*Ornithoptera priamus urvillianus*
（ニューアイルランド島）

▲アリストデムスアゲハ *Papilio aristodemus*（コスタリカ）
▼ベニモンタスキアゲハ *Papilio paeon*（エクアドル）

▲フトオビアゲハ *Papilio androgeus*（雄）（コスタリカ）
▼ベニモンタスキアゲハ 左はウラモジタテハ（エクアドル）

▲タスキアゲハ *Papilio thoas*（ホンジュラス）
▼フトオビアゲハ *Papilio androgeus*（ペルー）

▲ベニモンクロアゲハ *Papilio anchisiades*（ペルー）
▼オオタスキアゲハ *Papilio cresphontes*（アメリカ）

▲ウスキオビアゲハ *Papilio lycophron*（ブラジル）
▼オオタスキアゲハ（アメリカ）

▲キオビアゲハ *Papilio torquatus* 奥はフトオビアゲハ（ペルー）

▲マネシアゲハ *Chilasa clytia*（タイ）
◀カバシタアゲハ（タイ）
▼カバシタアゲハ *Chilasa agestor*（タイ）

▲スラテリマネシアゲハ *Chilasa slateri*（タイ）
◀キボシアゲハ *Chilasa epycides*（タイ）
▼キボシアゲハ（下）とマカレウスマダラタイマイ *Graphium macareus*（タイ）

▲ムラサキマネシアゲハ *Chilasa paradoxa*（ラオス）（ルリマダラに擬態）
▼スラテリマネシアゲハ（ボルネオ）

▼カザリアゲハ（ホシボシアゲハ）*Papilio anactus*（オーストラリア）

▲ザルモクシスオオアゲハ *Papilio zalmoxis*（カメルーン）
▼ドルーリーオオアゲハ *Papilio antimachus*（中央アフリカ）

▲左・右：ザルモクシスオオアゲハ *Papilio zalmoxis*（カメルーン）
▼ザルモクシスオオアゲハ（カメルーン）

▲ベニスジモンキアゲハ（イナズマモンキアゲハ）*Papilio diophantus*（インドネシア・スマトラ）
◀メスアカモンキアゲハ *Papilio aegeus*（雌）（オーストラリア）
▼メスアカモンキアゲハ（雄）（オーストラリア）

▲シロオビアゲハ *Papilio polytes*（雄）（沖縄県）
▼シロオビアゲハの求愛（タイ）

▲マハデバオナシモンキアゲハ *Papilio castor mahadeva*（タイ）
▼タイネッタイモンキアゲハ *Papillo prexaspes*（ラオス）

▲ネッタイモンキアゲハ *Papilio fuscus*（パプアニューギニア）
▼タイネッタイモンキアゲハ（ラオス）

▲タイワンモンキアゲハ（シロオビモンキアゲハ）*Papilio nephelus*（マレーシア）
▼モンキアゲハ *Papilio helenus*（タイ）

▲オオモンキアゲハ *Papilio iswara*（マレーシア）
▼モンキアゲハ（静岡県）

▶モンキアゲハ *Papilio helenus*（沖縄県）

▲ナガサキアゲハ *Papilio memnon*（雌）（マレーシア）
▼フォーベシアゲハ *Papilio forbesi*（スマトラ島）

▲ナガサキアゲハ（雄）（マレーシア）

▲ナガサキアゲハ（沖縄県）
▼クロアゲハ *Papilio protenor*（ベトナム）

▲アカネアゲハ *Papilio rumanzovia*（雌）（フィリピン）

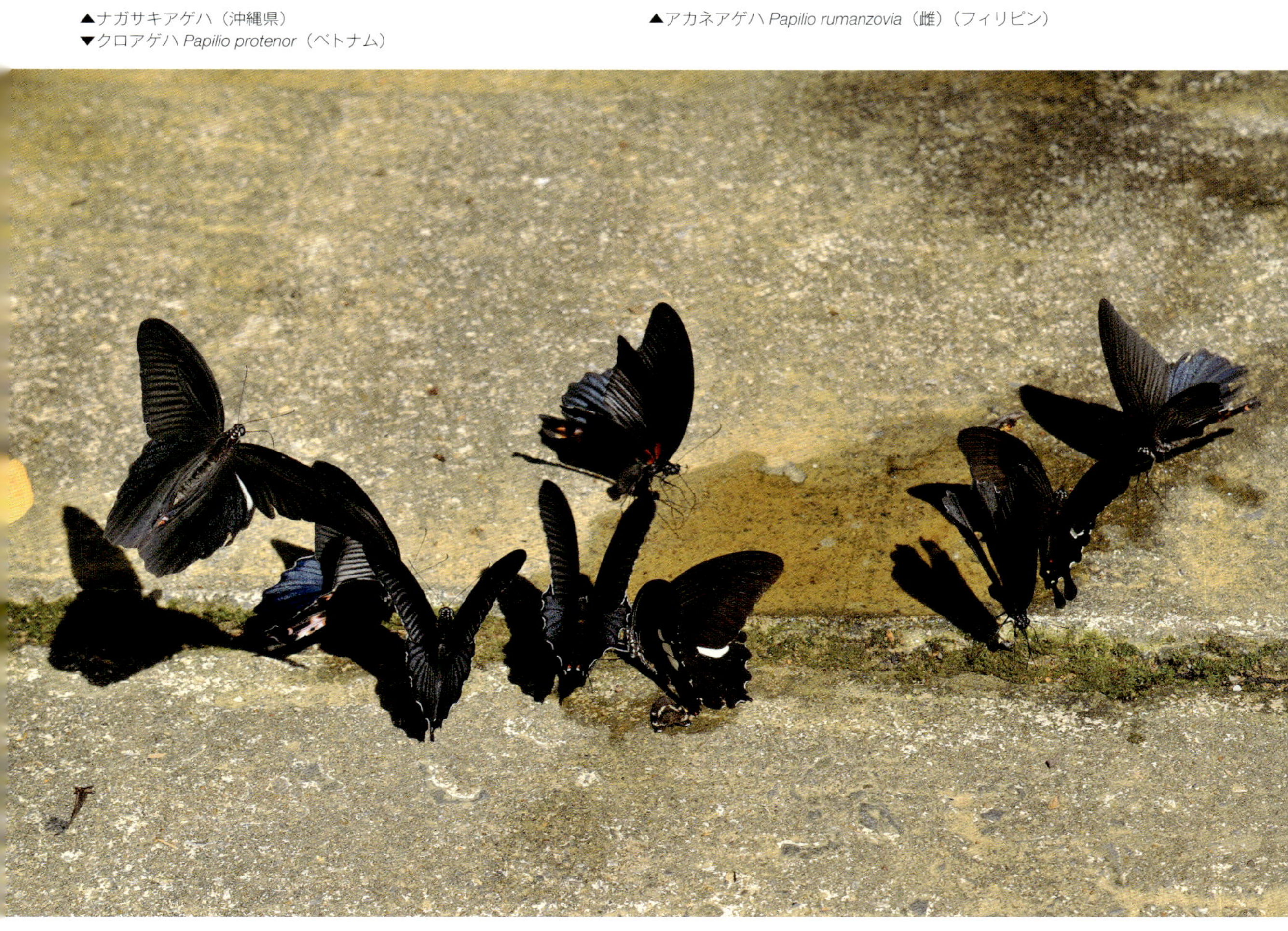

◀クロアゲハ *Papilio protenor*（タイ）

▲オナガアゲハ *Papilio macilentus*（雄、春型）

▲▼オナガアゲハ（雌、夏型）

▲オナガアゲハ（雄、夏型）

▲▼レテノールアゲハ（アルクメノールアゲハ）*Papilio alcmenor*（タイ）

▲オビモンアゲハ *Papilio demolion*（ラオス）
▼ナミアゲハ *Papilio xuthus*（長野県）

▲アフリカオナシアゲハ *Papilio demodocus*（カメルーン）

▲ベンゲットアゲハ（ルソンアゲハ）*Papilio benguetanus*（フィリピン）
▼ナミアゲハ *Papilio xuthus*（長野県）

▲▼キアゲハ *Papilio machaon*（長野県）

▲クロキアゲハ（メスグロキアゲハ））*Papilio polyxenes*（雌）（アメリカ）
▼クロキアゲハ（メスグロキアゲハ））（雄）（アメリカ）

▲オスジロアゲハ *Papilio dardanus*（雄）（カメルーン）
▶オスジロアゲハ（雌）（カメルーン）
▼オスジロアゲハ（左が雄、右が雌）（マダガスカル）

▲フォルカスミドリアゲハ *Papilio phorcas*（上）と
オオサカハチアゲハ *Papilio lormieri*（カメルーン）

▲デラランディアアゲハ *Papilio delalandei*（マダガスカル）
▼オオモンシロアゲハ *Papilio hesperus*（カメルーン）

▲▼クスノキアゲハ *Papilio troilus*（雄）（アメリカ）

▲クスノキアゲハの求愛（下が雄）（アメリカ）
▼クスノキアゲハ（雌）（アメリカ）

▲▼トラフアゲハ *Papilio glaucus*（雄）（アメリカ）

▲▼トラフアゲハ *Papilio glaucus*（雌）（アメリカ）

▲スカマンダーアゲハ（イチモンジアゲハ）*Papilio scamander*（ブラジル）
▶アリステウスアゲハ *Papilio aristeus*（ペルー）
▼ミツオアゲハ *Papilio warscewiczii*（ペルー）

▲▼カロプスルリアゲハ *Papilio charopus*（カメルーン）

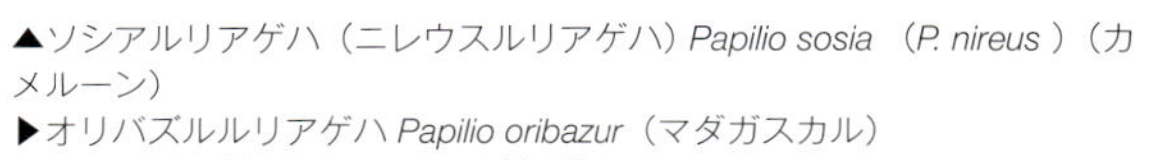

▲ソシアルリアゲハ（ニレウスルリアゲハ）*Papilio sosia*（*P. nireus*）（カメルーン）
▶オリバズルルリアゲハ *Papilio oribazur*（マダガスカル）
▼ルリモンアゲハ *Papilio paris*（タイ）

▲▼ルリモンアゲハ *Papilio paris*（タイ）

▲▼ルリモンアゲハ（タイ）

▶カラスアゲハ
Papilio dehaanii（長野県）

▲ミヤマカラスアゲハ *Papilio maackii*（長野県）

▲ミヤマカラスアゲハ *Papilio maackii*（長野県）
▼クジャクアゲハ *Papilio bianor*（*polyctor*）（ラオス）

▲オオルリアゲハ *Papilio ulysses*（オーストラリア）
▼タイワンカラスアゲハ *Papilio dialis*（尾なし型）（ラオス）

▲オビクジャクアゲハ *Papilip palinurus*（マレーシア）
▼オオクジャクアゲハ *Papilio arcturus*（タイ）

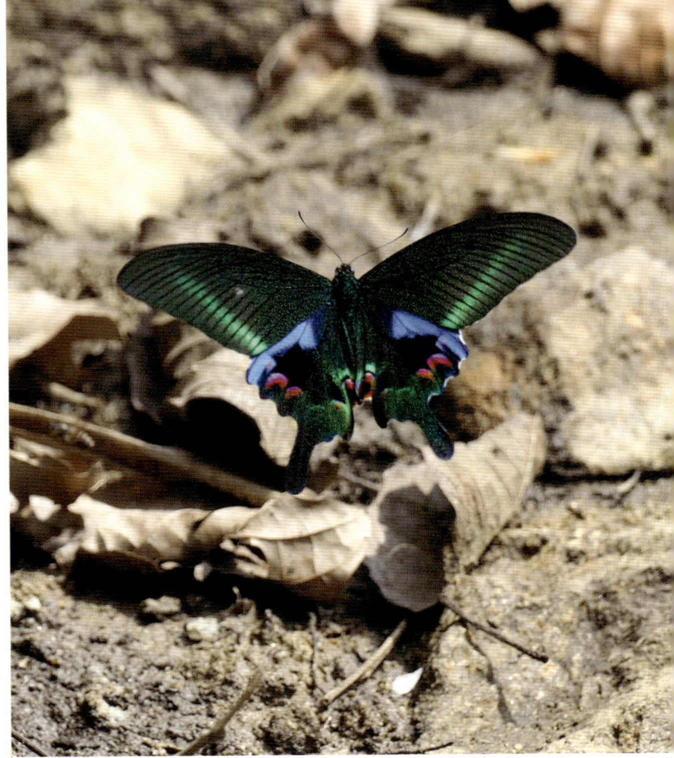

▲クロカギバアゲハ *Meandrusa lachinus*（タイ）
▶▼カギバアゲハ *Meandrusa payeni*（ベトナム）

▲▼ヨーロッパタイマイ *Iphiclides podalirius*（フランス）

◀アオスソビキアゲハ
Lamproptera meges の
吸水集団（ベトナム）

▲シロスソビキアゲハ *Lamproptera curius*（手前）とアオスソビキアゲハ *L. meges*（ベトナム）
▼アオスソビキアゲハのおしっこ（ベトナム）

▲ホソオタイマイ *Mimoides xynias*（右）とベルスアオジャコウアゲハ *Battus belus*（ペルー）
▶ホソオタイマイ（ペルー）
▼セルビレオナガタイマイ *Eurytides serville*（左）（ペルー）

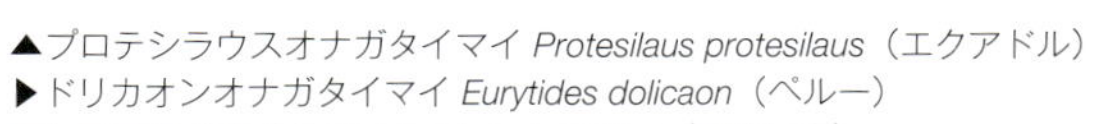

▲プロテシラウスオナガタイマイ *Protesilaus protesilaus*（エクアドル）
▶ドリカオンオナガタイマイ *Eurytides dolicaon*（ペルー）
▼トラフタイマイ *Protographium marcellus*（アメリカ）

▲キューバオナガタイマイ *Protographium celadon*（キューバ）
◀トラフタイマイ（アメリカ）
▼ハルカゼアゲハ *Graphium mandarinus*（タイ）

▲ミロンアオスジアゲハ(ミロンタイマイ) *Graphium milon*(インドネシア・スラウェシ)
◀アオスジアゲハ *Graphium sarpedon*(沖縄)
▼アオスジアゲハ(東京)

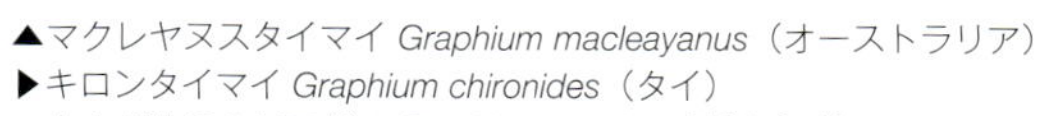

▲マクレヤヌスタイマイ *Graphium macleayanus*（オーストラリア）
▶キロンタイマイ *Graphium chironides*（タイ）
▼キナバルミカドアゲハ *Graphium procles*（ボルネオ）

▲マダラタイマイの仲間の吸水集団（タイ）

▲エンペドバナタイマイ（オナガクロタイマイ）*Graphium empedovana*
◀マダラタイマイの仲間。手前はアリステウスオナガタイマイ *Graphium aristeus*（タイ）
▼ノミウスオナガタイマイ *Graphium nomius*（タイ）

▲ミカドアゲハ *Graphium doson*（石垣島）
▼タイワンタイマイ *Graphium cloanthus*（タイ）

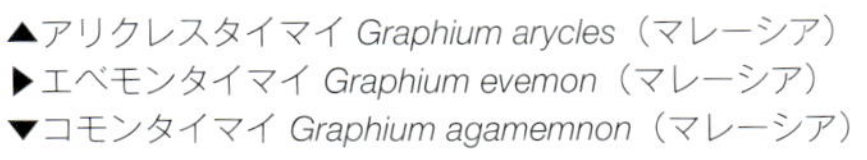

▲アリクレスタイマイ *Graphium arycles*（マレーシア）
▶エベモンタイマイ *Graphium evemon*（マレーシア）
▼コモンタイマイ *Graphium agamemnon*（マレーシア）

▲オナガコモンタイマイ *Graphium antheus*、右端はコオナガコモンタイマイ *G. policenes*（カメルーン）
▶エンドクスタイマイ（ヘリグロタイマイ）*Graphium endochus*（マダガスカル）
▼キルヌスタイマイ *Graphium cyrnus*（マダガスカル）

▲アフリカマダラタイマイ *Graphium leonidas*（カメルーン）
◀▼キナバルオナガタイマイ *Graphium stratiotes*（ボルネオ）

▲オオオナガタイマイ *Graphium androcles*（インドネシア・スラウェシ）
▼デレッセルティマダラタイマイ（ウスアオマダラタイマイ）*Graphium delesserti*（マレーシア）

▲オナガタイマイ *Graphium antiphates*（左）と
マカレウスマダラタイマイ *Graphium macareus*（マレーシア）
▶ヒメシロオナガタイマイ *Graphium agetes*（マレーシア）
▼ラマケウスマダラタイマイ *Graphium ramaceus*（左2匹）、右はマカレウスマダラタイマイ（マレーシア）

▲シロマダラタイマイ *Graphium encelades*（インドネシア・スラウェシ）
▼メガルスマダラタイマイ *Graphium megarus*（マレーシア）

▲ゼノクレスマダラタイマイ *Graphium xenocles*（雌）（タイ）
▼マカレウスマダラタイマイ *Graphium macareus* とその黒化型（右上）、奥はオナガタイマイ（タイ）。この黒化型（雄）はルリマダラの仲間に擬態していると思われる。マダラタイマイの仲間では通常、雄に多系はない。進化は現在進行中であることを示している可能性もある。

あとがき

海野和男

2016年の夏、JT生命誌館で擬態の講演をした。その後のフリートーキングの時間に、ゲノム情報を調べることで、チョウの種やグループの分岐がいつ頃行われたかということがわかるという話を生命誌館の方に聞いた。例えばナミアゲハとキアゲハはよく似ているが、分岐したのはずいぶん昔のことらしい。

ぼくが興味があったのは、毒のあるチョウに擬態する種類がいつ頃現れたかということである。例えばアオスジアゲハの仲間にマダラタイマイというグループがある。マダラタイマイが分岐したのは、どうやらモデルの毒のあるチョウであるマダラチョウの仲間が現れたあとらしいということも、分岐図から読み取れた。

ゲノムを長年研究されてきた吉川先生に出会って、ますますアゲハチョウ科の進化についてもっと知りたいという欲求が高まった。ぼくが知りたい話をやさしく読める本が欲しい。自分が読みたいような本は、多分ほかにも読みたい人がいるはずだと思い、平凡社の大石範子さんにコンタクトした。吉川さんに文を書いてもらい、ぼくの写真で、世界のアゲハチョウについて進化を絡めながら見てもらえる本はできないだろうかと持ちかけた。幸い企画が通り、この本が出ることになった。

世界のアゲハチョウは数百種いる。ぼくはアゲハチョウの仲間が好きで長年写真を撮ってきた。ほとんどのグループの写真は持っている。けれど熱帯地域が好きなので北アメリカはまともに撮影に行ったことがなく、写真がない。ヨーロッパから日本まで同じキアゲハなのに、北アメリカでたくさんの種類に分化しているという。あらためて見直すと、北アメリカはアゲハチョウを知るうえで極めて重要な場所だということがわかった。キアゲハは新天地で大いに飛躍したのであろう。新大陸というと南米の熱帯だけが魅力ある地域と思い込んでいたのだが、そんなことはない。現地を見たい、アメリカの自然を背景に飛ぶアゲハチョウ類を見たい。これは、どうしても行って、自分の目で確かめ、撮影しなければ気が済まなくなった。

擬態を長年ライフワークにしているぼくには、どうしても見たいアゲハチョウがあった。擬態のモデルとして有名なアオジャコウアゲハや、アオジャコウアゲハに擬態し、北米のみに分布するクスノキ科植物を食する変わりもののクスノキアゲハ。同じくアオジャコウアゲハに擬態するクロキアゲハやトラフアゲハの雌。アゲハチョウではないがアオジャコウアゲハに擬態するタテハチョウのアメリカアオイチモンジやダイアナヒョウモン。見たいと思ったら、いても立ってもいられない。思い切って、7月のテキサス州、アーカンソー州を走りまわり、それらのチョウの写真を撮ることにした。幸い、目標とした種類はクロキアゲハの雌を除いて全種撮ることができた。

毒のあるチョウはゆっくり飛ぶと思い込んでいたら、アオジャコウアゲハの飛翔が極めて活発であることに驚いたり、いままで体験していなかったいろいろなことに感動したりした旅だった。行ってよかった。フイールドで実際に見て、考えることの大切さを痛感した旅だった。

ぼくはアゲハチョウを　求めて世界中を旅している。行くたびに、新たな感動がある。今年は2月にタイでマカレウスマダラタイマイというマダラタイマイの仲間の黒化型を見た。普通はアサギマダラの仲間に似た白地に黒い筋のあるチョウだが、ほぼ真っ黒で、ルリマダラと見間違えるほどだった。ルリマダラに擬態したマダラタイマイにはラマケウスマダラタイマイの雌があるが、マカレウスマダラタイマイの雄では多分知られていない。擬態は今も進化し続けているように思い、大いに感激した。

この本に載せられたのは世界のアゲハチョウの約4分の1である。まだ出会ったことのないアゲハ類に夢を馳せて、これからも旅は続く。フィールドでのアゲハ類との出会いは驚嘆の連続で、現場での出会いがいかに大切かというのを痛感し、自分の無知を思い知るのである。これからも驚いたり感激したことを写真で伝えていきたい。この本のページをめくって、アゲハチョウの進化に思いをはせ、フィールドへ出たいな、世界にアゲハチョウを見に行きたいなという気持ちになっていただければ、写真家として大変嬉しいことである。

平凡社の大石さんとは「月刊アニマ」時代からの知人だが、編集者として付き合っていただいたのは今回が初めてだった。この場を借りて厚く御礼申し上げる。

2018年8月

あとがき

吉川 寛

海野さんが世界を駆けて撮り集めた数々の写真を見ると、あらためてアゲハチョウの多様性に驚かされます。それは形や色彩ばかりでなく、赤道から寒帯地域まで、南海の島嶼から砂漠や高山までという分布域や生息環境の多様性、さらには幼虫の食性や毒チョウに対する擬態などの生きるための戦略の多様性など、枚挙にいとまありません。このような多様性は、多くの研究者とチョウの愛好家による100年を超える観察や実験によって、発掘され深められてきました。それらの先人達の業績を踏まえ、最新の生命科学の知識や技術と融合させて世界のアゲハチョウ全体を俯瞰し、進化と多様性をどこまで理解することができるかを読者にお知らせするのが私の役割でした。

進化と多様化の原点であるアゲハチョウの祖先種探索の旅はつまずきの連続でした。2000年から始まったDNA研究は、その若さゆえ、1億年前に起こった祖先種発生の決定が二転三転したからです。幸い2018年に決定的な研究成果が発表され、ただ1種の祖先種から生まれ300種余りに広がったというアゲハチョウの家系図を完成し、安心して読者にお伝えすることができました。信州大学の伊藤建夫さんと東京大学の矢後勝也さんには随所で適切な助言をいただきました。感謝いたします。

しかしDNAは祖先種について、その形や生息地については何も語ってくれません。異国のチョウは標本や図鑑でしか見たことがない私の旅は、原始的な形状と習性を保っている異形種と呼ばれるアゲハチョウに思いを馳せ、それらについて研究を重ねた先人達、特に五十嵐邁さんの観察と体験を頼りに祖先種を追い求め、その生きざまについて想像を膨らませることでした。読者にもその旅を共有していただけたことと思います。

本書のいちばんの目的は、進化多様化とチョウの食草選択・転換の関係を明らかにすることでした。分子系統樹が完成し、それを食草と分布域に重ねると相関関係が見事に示されました。アゲハチョウは選択した食草を変えるたびに族レベルの家系が生まれ、食草の分布と環境に影響されながら独自の進化多様化を実現していることを描くことができました。その中でカラスアゲハ亜属のように近縁で同一の食草を選びながら、多くの島に隔離されて20余りの種類に多様化する例を紹介することができました。6600万年前に起こった隕石の衝突による生物の絶滅のような大きな力と大陸移動にともなう地理学的な変化は、食草転換に劣らず、アゲハチョウの進化多様化に大きな影響を与えていました。日本のアゲハチョウ19種の存在は若い日本列島の成立過程と強く結び付いているため、原種は存在せず、ほとんどが大陸産の亜種であることを示しました。

DNAに起こる偶然の変異が新しい形質を生み出し、それが環境に適応して定着したときに進化は起こります。新しい形質は、擬態のような“生きるための上手な知恵”のように見えるので、変異自身が意図的で合目的的であるように見えるのです。しかし擬態遺伝子の研究によって、擬態はチョウの形態形成の遺伝子に偶然に起こった変異がたまたま毒チョウに似通った形質をもたらしたものに過ぎないことが明らかになりました。第2章では昆虫の形態形成にかかわる分子生物学の研究成果を紹介し、進化多様化の原理は、偶然と必然と限られた数の遺伝子の巧妙な使い回しであることを理解していただくよう努めました。

本書では、DNAと遺伝子にかかわる多くの研究成果を紹介していますが、最後の章では、私達自身の研究を実験室の中から具体的に紹介しました。進化の1つの原動力となったアゲハチョウの食草選択は本能の1つとして遺伝される能力であることが100年前から指摘され、さまざまなレベルの研究が行われてきました。しかし、食草選択本能にかかわる遺伝子の研究は21世紀になるまで手が付けられていませんでした。ショウジョウバエの全ゲノム配列の解読に触発されて、私達はナミアゲハのDNA研究に取り組み、10年かけて食草選択にかかわる受容体遺伝子を発見することに成功しました。発見に至る長い道のりを詳しく語ることで、アゲハチョウの本能のような行動にかかわる遺伝子研究の面白さと難しさを伝えることができていれば幸いです。研究はまだ始まったばかりです。本能のような脳・神経分野の分子生物学は、夢の多い驚きに満ちたこれからの学問です。

私にとって、本書は専門外の分野での初めてのポピュラーサイエンス書です。DNA関係以外は、日本産はともかくも海外のアゲハチョウについては知識も経験もない私を口説かれた海野さんの熱意と魅力的な写真がなければ本書は実現しなかったでしょう。また、私の不十分な知識を補うため、この分野の先人や友人から多くの図や写真を拝借しなければなりませんでしたが、その多くを編集者の大石範子さんにお任せしました。この場を借りて感謝いたします。

最後に私が敬愛する詩人、文学者でチョウの愛好家でもあったヘルマン・ヘッセの文章を紹介します。これは私の分子生物学の研究を支えた原点でありました。

〈驚嘆するために私は存在する〉これはゲーテの詩句です。驚きをもってはじまり、驚きをもって終わる――それでもなお、それは無駄な行程ではないのです。私が整然とした水晶のような翅脈を持つチョウの羽や、その羽の輪郭と翅の周辺の色鮮やかな縁取りや、翅の模様に見られる多種多様な文字や装飾、そして限りない甘美な魔法の息を吹きかけられたような色彩のぼかしとニュアンスなどに感嘆したりするとき、私が目をはじめとする五感によって一片の自然を体験し、一片の自然に引きつけられ、魅了されて、その存在と姿とにひと時の関心を開くとき、その瞬間に貪欲な欲求にめしいた俗世をすべて忘れてしまうのでした。私はこの瞬間ゲーテと同じように〈おどろく〉こと以外に何もなし得ないのです。(ヘルマン・ヘッセ《蝶》(V. ミヒェルス編、岡田朝雄訳、岩波同時代ライブラリー、1992))

2018年8月

原著論文

1) Molecular phylogeny, historical biogeography, and divergence time estimates for swallowtail butterflies of the Genus Papilio (Lepidoptera: Papilionidae). E. V. Zakharov, M. S. Caterino and F. A. H. Sperling. *Syst. Biol.* 53(2), 193-215 (2004).
2) Phylogeny, historical biogeography, and taxonomic ranking of Parnassiinae (Lepidoptera, Papilionidae) based on morphology and seven genes. V. Nazari, E. V. Zakharov, F. A. H. Sperling. *Mol. Phylogenetics Evol.* 42, 131-156 (2006).
3) Molecular phylogeny of Parnassiinae butterflies (Lepidoptera: Papilionidae) based on the sequences of four mitochondrial DNA segments. F. Michel, C. Rebourg, E. Cosson and H. Descimon. *Ann. Soc. Entomol. Fr.*, 44 (1), 1-36 (2008).
4) Phylogenetics and divergence times of Papilioninae (Lepidoptera) with special reference to the enigmatic genera Teinopalpus and Meandrusa. T. J. Simonsen et al., *Cladistics* 27, 113-137 (2011).
5) Fine-scale biogeographical and temporal diversification processes of peacock swallowtails (Papilio subgenus Archillides) in the Indo-Australian Archipelago. F. L. Condamine et al., *Cladistics* 29, 88-111 (2013).
6) A comprehensive and dated phylogenomic analysis of butterflies. M. Espeland et al., *Current Biol.* 28, 1-9 (2018).
7) Mimetic butterflies support Wallace's model of sexual dimorphism. K. Kunte, *Proc. Biol. Sci.* B, 275, 1617-1624 (2008).
8) Multi-component system of oviposition stimulants for a Rutaceae-feeding swallowtail butterfly; Papilio xuthus. T. Ohsugi, R. Nishida & H. Fukami, *Appl. Entomol. Zool.* 26, 29-40 (1991).
9) A gustatory receptor involved in hostplant recognition for oviposition of a swallowtail butterfly. K. Ozaki et al., *Nat Commun.* 2: 542 (2011).
10) Synergistic or Antagonistic Modulation of oviposition response of two swallowtail butterflies, Papilio maackii and P. protenor, to Phellodendron amurense by its constitutive prenylated flavonoid, phellamurin. K. Honda et al., *J. Chem. Ecol* 37: 575-581 (2011).

写真索引（和名）

写真索引（学名）

著者略歴

●吉川 寛　Yoshikawa Hiroshi

1933年神戸市生まれ。小学生時代にチョウの飼育の手ほどきを受け、昆虫学に興味を持つ。東京大学教養部時代に昆虫の生理生化学に目覚め、化学科生化学で博士号を取得。61年渡米して分子遺伝学を学び、カリフォルニア大学准教授としてライフワークとなるDNA複製研究を行う。69年帰国。金沢大学がん研究所、大阪大学医学部、奈良先端科学技術大学院大学バイオサイエンス研究科の教授を歴任。日本分子生物学会会長、日本微生物ゲノム学会初代会長などを務め、わが国の分子生物学とゲノム研究の推進と普及に貢献する。2001年、JT生命誌研究館で少年の頃の夢を実現し、アゲハチョウの食草選択受容体遺伝子の発見に成功。主な著書『遺伝子操作』(科学全書13、大月書店、1984)、『ゲノム科学への道―ノーベル賞講演でたどる』(岩波現代全書、2014) など。現在、JT生命誌研究館顧問、昆虫DNA研究会顧問。2013年、瑞宝中綬章受章。

●海野和男　Unno Kazuo

1947年東京生まれ、小学生時代より昆虫と写真に興味を持ち、東京農工大学で昆虫行動学を学んだあと、フリーの昆虫写真家として活躍。主なフィールドは長野県小諸市と熱帯雨林。擬態に興味を持ち、ライフワークとしている。年間100日以上を海外で撮影することを目標に、世界各地で撮影を続ける。今回もこの本のための取材を北アメリカで行った。1990年、小諸市にアトリエを構え、1999年よりデジタルカメラでの撮影を開始し，写真にコメントを付けた「小諸日記」をweb上で毎日発信している。写真集『昆虫の擬態』(平凡社) で1994年日本写真協会賞を受賞。著書は『自然のだまし絵 昆虫の擬態 進化が生んだ驚異の姿』(誠文堂新光社)、『海野和男の蝶撮影テクニック』(草思社) など100冊以上に及ぶ。現在、日本自然科学写真協会会長。小中学生のための生きものの写真コンテスト「生きもの写真リトルリーグ」実行委員長。

協力（50音順）

尾崎克久（JT生命誌研究館）
白岩康二郎（ぷてろんワールド）
山中麻須美（キュー植物園）
吉川真悟（カリフォルニア大学）

装幀・本文レイアウト・図版制作

蛮ハウス（日高達雄＋伊藤香代）

編集　大石範子

アゲハチョウの世界　その進化と多様性

発行日　2018年9月25日　初版第1刷

著者　　吉川 寛、海野和男
発行者　下中美都
発行所　株式会社平凡社
〒101-0051　東京都千代田区神田神保町3-29
電話　03-3230-6593［編集］　03-3230-6573［営業］
振替　00180-0-29639
ホームページ　http://www.heibonsha.co.jp/
印　刷　株式会社東京印書館
製　本　大口製本印刷株式会社

ISBN 978-4-582-54256-1　NDC分類番号486.8
B5変型判（24.8cm）　総ページ152
落丁・乱丁本はお取り替えいたしますので、小社読者サービス係まで直接お送りください（送料小社負担）。